凌速文化 编

MINI COFFEE SHOP

创意咖啡馆设计与经营

天津出版传媒集团
天津人民出版社

ONEWAY CAF'E
ONEWAY CAF'E
38

C O N T E N T S

Chapter 1 看装修，喝咖啡

Chapter 2 迷你咖啡店成功运营法 连锁而不复制

编序

咖啡馆与咖啡相辅而行，
如我们都在找寻与自己投缘的生活氛围

别府，天气晴

两个人带着彩色铅笔说好去写生，却惬意地隐身在一家古朴的咖啡店里，坐在深褐色沙发上，啜饮着手冲的咖啡，另一只手拿着与心情相呼应的绿色铅笔，恣意且漫无目的地画着手中那杯咖啡。邻桌跟爸爸来喝咖啡的小女孩翻开了店家的涂鸦簿，也想画画，店家只提供了圆珠笔，小女孩看着我们手中彩色铅笔的眼神，使得我们借出了彩色铅笔。小女孩开心地画着爸爸，那情景也像是一幅画。那天的咖啡是曼特宁，但实际上我们是被咖啡厅里那片三角玻璃吸引过去的，然后就冲动地忘记了原本的目的。后来这张彩色铅笔速写画成，我们把它制成了一张明信片，并且从日本寄回。

雨季的曼谷暹罗商圈

倾盆大雨如同交响乐般地下着，手中的丹·布朗正带着瑞肴姐去寻找失落的符号，就着窗外的春雨，正适合品尝这杯弥漫着果香的耶加雪菲。什么样的牵引让我们竟然坐在曼谷的咖啡厅里这张工业风的铁椅上，跟着罗伯特·兰登教授进行一场又一场的解谜与探险？看来一时半刻雨不会停，但铁椅坐久了的确让人有冒险后的酸痛感，这也是小说 5D 体验的一种吧！

台北，秋日的周末午后

三五老友说要品尝咖啡，非精品不入口、非虹吸不润喉、非日晒不啜饮，这样万般地刁难，是要考验两位姐姐脑中的咖啡地图吗？咖啡厅若是在大马路上就能找到的那种，里面的咖啡就一点都不香，九拐十八弯的巷内还不算难寻，在巷弄里再往二楼爬才能找到的，其中的咖啡自然也是一绝。最后，轻啜一口的香醇堵住了每一张挑剔的嘴，也让原本要脱口的刻薄伴着咖啡吞入了喉中。咖啡到位了，却因为装修不像咖啡馆而流出了些许的差评！咖啡馆要装修得很像咖啡馆？这又是谁定义的潜规则呢？

台中，灵感将要溃堤的当口

若再找不到一家好的咖啡馆，将脑中的文字一一写下，恐怕就只能因为文字瞬间烟消云散而扼腕，总不能宣布封笔了事！背着电脑在大街小巷内寻找与我们的灵魂相契合的咖啡馆，眼望偏远到尽头，有扇古老拼贴风格的木门，推开这扇有故事的门，迎面而来的是热带雨林般的植物墙。找一个角落坐下来，任性地让哥斯达黎加的竞标豆踹开脑中的那道木门，让源源不绝的思绪进入幻想中的丛林，就此开始一段奇幻的旅程。

到底，喝咖啡是喝设计装修还是喝实力呢？买咖啡是买一个空间书写，还是买一个空间闲聊？

若是只图痛快地喝个咖啡，最先对你招手的绝对是“气氛”。除非是有心按图索骥寻找杯测师所开的店，否则吸引大家走进店里，开始品尝第一口咖啡的，其实是室内设计师的本事。能跟手上点来的那杯咖啡开始对话，是你和咖啡馆由外到内的缘分！若是纸杯，那就算了吧！不就是这个道理吗？大家出国还在找寻全球都有的品牌咖啡店，那咖啡对你而言，跟饭店里吧台上免费提供的国际品牌速溶咖啡又有何不同呢？

The Who Cafe 框影永康店（部落客提供）

开咖啡店是许多人的梦想与心愿，就差这么一点点就要圆梦的同时，就让中国台湾多一家特色咖啡店，让外国人在中国台湾多一个寻宝的地点吧！

知名“部落客” 贝大小姐与瑞肴姐

城市部落里的迷你咖啡店

小小空间，反映城市生活节奏

咖啡文化悄悄转变

随着都市生活的快速改变，房价、物价高涨，在寸土寸金的情况下，咖啡店的面积也由大变小。以台北市为例，66 平方米以下的咖啡店越来越多，分布地点以百货店、游乐区、办公区、车站、购物街、美食街等热闹、人潮多的地方为主。因为生活节奏快，人们大多不再选择定点式的咖啡文化，而选择外带方式，人手一杯咖啡，于是小面积咖啡店林立的城市聚落形式，就更加明显可见。

迷你咖啡店与一般咖啡店选址的异同

基本上，台北迷你咖啡店的集中区域，也跟一般咖啡店的分布情况相同，像是东区、永康街等咖啡店密集的地方，都常看到迷你咖啡店的踪影；另外，学校附近也常出现小型咖啡店。有需求就会有市场，或许是学生们偏爱去咖啡店看书、聚会，像家庭式的温馨小店自然受到欢迎，例如台湾大学附近的温州街，街上咖啡店密集度极高，且因身处小巷，面积自然也都不大。

除此之外，小面积咖啡店因为开店门槛较低、面积需求也较小，比起大的咖啡厅，似乎更有零散分布和深入各住宅区的倾向，很多是小区性的服务，功能周全但尺寸小巧地就近服务当地饮用咖啡的人群。

综观目前台北咖啡店市场，差不多每三间咖啡店，就有一间是小于 66 平方米的；因此，本书里我们就称其为“迷你咖啡店”，并介绍它们的开业历程与基地规模种类。

首先！搞定你的开店蓝图

迷你咖啡店的品牌实践策略

调查

Step 1 观察选址

1. 环境人流调查：确认人流数量与附近店家消费层次
2. 调查结果必须有量化的数字
3. 决定店面类别：“人潮多”或“地点特殊”
4. 深入了解消费族群的行为

Step 2 店的特色才是价值

1. 深入探讨区域需求
2. 地区价值=决定梦想咖啡店的角色
3. 角色定好后，才决定消费模式与贩售商品、空间设计等

梦想中的咖啡店空间设计规划

基地

Step 1 门面

1. 人的活动会诱发消费，吧台在黄金位置最好
2. 大面积清玻璃会反光，看不到里面卖什么
3. 门口全开放虽然会浪费电，但是香味和声音会吸引人

1. 不一定要方正，特殊形状也会产生空间层次趣味
2. 面宽当然比较好
3. 观察人流走动的“视角”，将会决定最吸引人的黄金位置

Step 2 内部动线

1. 面积小，只需要一条够宽敞的主动线
2. 有点小区隔会让小咖啡店更有趣味性
3. 外卖和内部动线要分开
4. 吧台操作动线要越短越好

Step 3 小风格定位

1. 确定适合该区域的风格，不一定要跟随潮流
2. 有安全感的风格
3. 不适合大气的古典风格

你的咖啡店即将开张

Step 1 人力与产品搭配

1. 产品类型“主力:非主力=80:20”
2. 不要买过多设备

Step 2 增加营收

1. 从客人需求出发增添附加商品
2. 翻桌率：少用盘子装，即暗示客人需要马上食用

Step3 品牌初定

1.以人为本，满足群体需要，就是品牌
2.整理上述的资料→与环境产生连结→“差异化”出现
3.财务规划书：预估店租、人事、材料成本、水电、装修、营销各种费用

Step5 品牌确立

1.品牌视觉系统设计要简单大方
2.满足人的其他价值
3.自我价值认定，如分享空间、文化交流、和周围环境有关等
4.装修风格≠品牌

Step4 产品设定

1.座位客+外卖数量都要兼顾
2.商品价格大约在：人民币22元

Step5 家具

1.椅子比桌子重要
2.准备少量有质感的家具会吸引人
3.吧台差异：低吧台降低压迫感，高吧台使客人流动速度快

Step7 气味与声音

1.咖啡也有酸味，有空调也最好稍微打开窗
2.咖啡机、磨豆机加上谈话声，分贝数很高

Step4 拍照背景布置

1.布置有美感的区域，满足人们爱拍照分享的心理
2.小物不可过多，不定期更换才是王道

Step6 灯光

1.只用天花的吸顶灯，使空间角落暗、显得内部更小
2.多层次用光最好，会产生安静且优雅的气氛

Step3 行销活动

1.担任媒介角色
2.持续性的活动

Step5 开设分店——连锁但不复制

Step4 品牌视觉设计

CHAPTER

看装修，喝咖啡

Mini cafe deco instances Share

看18间成功迷你咖啡店，
如何用人民币7万-22万做装修？
复古混搭、小清新、华丽古典、工业风和现代感，
装修布置实战技巧大公开。

好咖啡、好食材来自原味，一如初衷的用心精神

L'esprit café 初衷咖啡

- 06-221-8822
- 台南市中西区民生路二段 401 号
- 以“脸书”粉丝专页公告为主
- 手冲咖啡、意式咖啡、法国茶 / 早午餐、下午茶甜点

面　　积：77平方米
店　　龄：共5年（现址1.5年）
店员人数：老板+4位员工
装修花费：新、旧两家店含家具添购共计人民币55万左右
设 计 师：根本空间设计

装修规划 Plan
致敬传统文化，以精神为本

走进 L'esprit，会让人意外的是，你将感受到源源不断的美学涵养，与精致料理带给你的味觉飨宴，而这些奢华享受的背后，是台南人自然且独特的审美观，和店主 Aube 十年磨一剑的努力。

“L'esprit”有“精神、本质”的意思，这个法语和它背后代表的法国料理文化让 Aube 深感钦佩——几百年传承下来的法国料理，不论科技怎么进步，还是用一样讲究的食材，一样繁复的制程方法，让消费者可以放心的食用。这种对传统的坚持、对理念的传承，和对自身文化的自信使人着迷，是 Aube 要守护的初衷。

于是 L'esprit 成了这家店的店名，既是老板用来提醒和期许自己在做每一份决策时，都不要忘记这份初衷，又标榜着品牌精神。不过一个众人皆知的大道理就是，客人不会对他念不出来的东西感兴趣，这的确也影响到这家店一开始的询问度和流传度；因此，L'esprit 后来加上了中文名“初衷”，既方便客人，也便于提升店的知名度。

1 法国 ligne roset 吊灯 BLOOM design，是 ligne roset 在 2008 年德国科隆展“Young Design Ausstellung”的知名商品
2 两个展示柜都直接从东区搬过来
3 东门店的大门，成为民生店最引人注目的装饰品

一开始立即决定主视觉色系以黑色和蓝色为主。蓝色在爱海的Aube心中是最疗愈的颜色，低调且让人安心，黑色则给人稳重感；如同她给人的感觉，不哗众取宠，用自己的方式实践生活美学。当初设计师做好三个标志让Aube挑选，但她看了第一眼就决定要用现在这个，设计师还打趣说，从来没有人这么快就决定好了。这都是因为准备许久的Aube，很清楚知道自己要的感觉。

1 原本想继续带到民生店沿用的东门店招，却因为民生一带店面建造需统一规格，加上店里没有收藏空间而只好割爱
2 标志中的椅子是店主创立品牌时想带给客人的感觉——“就舒服的、安心的坐在这里休息吧！”
3 洗手间选的深蓝色意大利瓷砖是相当有气质的，墙上的黑色挂钩方便客人挂随身物品
4 这把颜色相当特别的椅子是中国台湾设计师的作品，在旧店时是客人使用的座椅，现在即使在一片蓝的民生店，也能摇身一变成为店内最引人注目的摆饰
5 东门店原有的站立式吧台，在移到民生店后配合入口处右方的落地窗景观而拉宽桌长（可见图片中的细纹）

5

营运历程 Progress
令人安心放松的BLUE空间

开一家咖啡店，是 Aube 一直以来的梦想。虽然不是专业出身， 但她从念高职时就对餐饮业产生兴趣，在餐饮业打工时看到许多含化学添加物的料理，让她萌生了“开一家绝不提供含添加剂食品的餐厅”的想法， 期许能从自身开始做起，改变人们习以为常的饮食习惯，推广食品安全的理念。而爱上咖啡后，她更加希望自己的店是个能放松喝咖啡的空间，为客人提供一个能安心享受健康美食的环境。

1

于是她花了近十年的时间慢慢存钱、准备、构思店的样子和品牌概念。而身为土生土长的台南人，Aube 也没有想过离开这里找店面。店面一开始设在东区的东门店，虽是独栋二层楼，但店址比较隐密。一来，没有便利的停车方式，常听客人抱怨这点，影响造访意愿；二来，L'esprit 是一家标榜食品安全的餐厅，东门店址周遭却环绕着两大快餐行业龙头，加上经营规模没有要拓展到二楼，等于多租了一个闲置的空间。

就在营运三年租约即将到期时，刚好有个客人表示他在中西区有个一楼店面要出租，而且地理环境、停车便利性都比东区好，马路对面就是两个停车场，公立、私人各一个，这在市区极为难得；更吸引人的是，大门以三面大落地窗呈现，采光自然、门面开阔，格局又极为方正，于是很快就决定迁移过去。

开业以来，Aube 不讳言自己缺乏经验和资源，但她愿意在面对一个又一个的问题下，不断做出修正和调整。为圆梦，她为东门店（人民币 22 万）和民生店（人民币 18 万）各申请了一次青年创业贷款，帮助自己跨过现实与理想间的鸿沟。

1 白与蓝的配色基调，使整间店给予客人一种宁静放松的氛围
2 黑板墙是搬到民生店之后新增设的“小趣味”
3 经由设计师介绍给老板娘的复古刻花木椅，无座垫版的刻花颇有乡村风的气息
4 靠墙的座位设定为慵懒的沙发座位区，让客人自由选择喜欢的地方待着

1 吧台边是常客的闲聊座谈区，透明化的制餐流程让客人放心
2 从东门店移过来民生店继续使用的纸折艺术装饰
3 设计风音响位在落地窗前座位旁，这也是店主很爱窝在这的原因

Aube 认为，咖啡最迷人之处就是它的香气，以及为了感受那股香气而让人愿意花尽心思打造出来的氛围、空间。所以找店面时，就希望座席在 20 个左右，加上以让顾客舒适为出发点，想打造的是一个让人安心的空间，所以面积大小也至少要 66 平方米以上。

选好店址后，其实一开始 Aube 想要自己设计店面，于是每天花了很多心思画平面空间图、研究吧台空间的装饰，或是直接找工班，但不得不承认，一牵扯到管线和水电配置就没办法应付了，还是要交给专业人士来做。后来偶然在选购厨具的店里，经由店长的介绍，认识“根本空间设计”的 Eric 和 Mia 夫妻。一直以来，Aube 都在收集对未来这家店的想象，而在和设计师聊过几次后，她发现 Eric 和 Mia 能完全抓她要的感觉，相当值得信任，之后就完全让设计师放手发挥了。Aube 觉得自己找对人了，他们的“根本”和她的“初衷”，应该都有相同的理念要追求吧！

2

3

1 青铜蓝搭配维多利亚复古门框，有如巴黎咖啡馆的门面设计
2 看到喜欢的装饰品就先买下来，这些装饰品现在都成为这家店的一部分，像这个外观饶富趣味的瓷杯，便成了客人之间的话题
3 本来要设成故事墙，摆一些东门时代的照片，但后来设计师找到这款候鸟钟，就改变了这面墙的命运。用心的设计师甚至还自己帮这些鸟上漆

设计师 Mia 的设计风格为不花俏也不繁复的空间，亮点与设计重点相辅相成。在设计前，她习惯先将空间中的一切反覆在脑海中游走 10 遍，甚至是 20 遍，包括动线的舒适性、光线氛围搭配，甚至会自己在脑海中演奏起背景音乐、咖啡机运作的吵闹声等，因为她相信，好的设计就是一切来得恰如其分。

4 设计师在吧台下方开了一个小门，当作员工专用的置物区，方便拿取物品，提高工作效率
5 店内展示架上贩卖一些带有店主风格的自选食材和咖啡器具
6 设计师将吧台区作高，一方面切出客人和员工的主要动线，另一方面还能遮住电路板

经营特色 *Characteristic* ×4

POINT 1

精致有感的菜单设计

从东门店移过来后，约有八成客户群也跟着迁移过来，也代表着 L'esprit 品牌经营的成功。搬到民生店后，餐点品种更为丰富，并在菜单上增加了图片，希望吸引更多客人到来。

POINT 2

坚持新鲜、让客人安心的高水准餐点

现在 L'esprit 店里所有食材都是纯天然的，符合 Aube“提供给客人对身体完全没有负担的饮食”的理想。但完全符合她理想的食材，成本往往很惊人，几乎比其他同类型餐厅高出一半以上。也因此，她选择在台南端出中高价位的早午餐，以匠人精神做餐，同样也能吸引到对饮食品质讲究的客群。

POINT 3

搭配餐点，反而使咖啡销售更好

虽然一开始单卖咖啡，但“初衷”目前也顺应市场潮流而供应早午餐和甜点。这是因为 Aube 观察到，早午餐搭配咖啡比单卖咖啡的销售量要更好，而且这样客人反而更能感受到咖啡的层次。尽管如此，她还是希望消费者能以享用好质量的咖啡为出发点，接着触动想品尝美味餐点的念头。

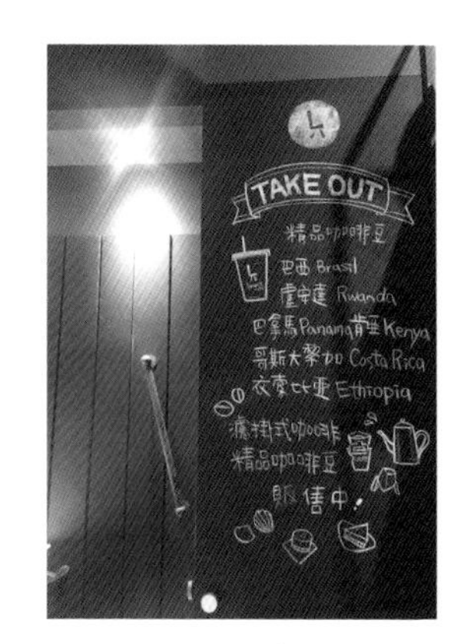

POINT 4

希望让客人能感受到“职人精神”

一路走来，Aube 相信“如果找到生命中的价值，一切就是值得的”。这家店，承载着她所有梦想，不光是对料理、餐厅，或是对食材质量上的坚持。店里面也有她一路以来喜欢的，慢慢搜集起来的器具和用品。可以说，这家店就是她本人品味和个性的展现。而喝过极品咖啡的人都知道，没有瑕疵豆的咖啡一入口，必定能感受到那独特性与层次，Aube 希望她的店，就是给客人这种感觉。

布置诀窍

POINT 1

同色系制造空间不同层次

从东门店搬到了民生店时，刚好门面的复古青铜蓝因需要配合大楼色系而无法修改，设计师顺势以这个蓝为基底，打造出后来极具质感的藏青色系。配以大理石吧台和洗手间等各个空间不同的蓝色层次，让“初衷”宛如典雅的贵族一般让人崇拜。

POINT 2

设定一个主要的视觉重心区

店主引以为傲的大理石吧台区，完全符合她心中理想的样子。而这个吧台也的确成为了这家店的熟客最喜欢的角落之一，店员可以在这里跟熟客分享生活、咖啡、美食等一切感受，客人也欣赏着店员手冲咖啡的神情与姿态，一切真的就像老朋友到访一样自然。

Light & Line Schematic Diagram

POINT 3 善用旧店的装饰品

在民生店的软装布置上，设计师并没有加入太多新的元素，反而是希望从旧店里发现能够保留的家饰和座椅，让这些充满回忆的物件运用在新地点里，并继续发散它们的魅力，让老客人踏入新店也能钩出一丝怀旧情感来。

POINT 4 选用设计款吊灯

设计师 Mia 构思店内光源设计时，选用法国 ligne roset 与日本设计师 Hiroshi Kawano 合作的 BLOOM 吊灯，有如盛开花朵一般，利用聚醚泡棉切割而成创造出不规则美感；另一款立灯搭配金属底座如同花朵茎干，赋予店内温和柔顺的光芒。

（灯光）+（动线）示意图

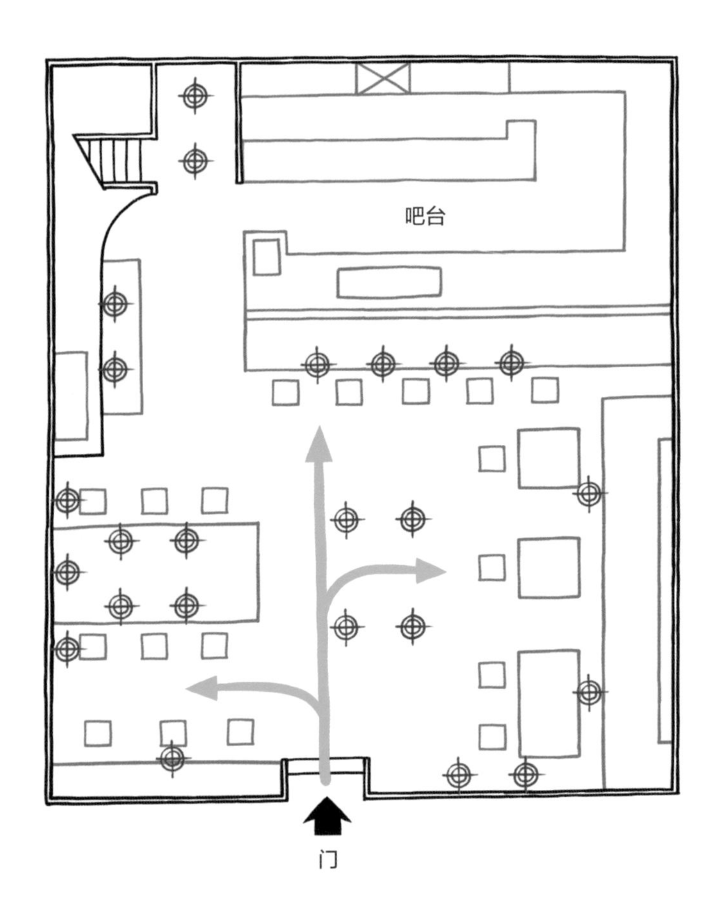

Light & Line Schematic Diagram

方正的基地空间

基本的 4 块分区

方正的基地空间被划分为 4 块，大门右侧的沙发区是通过观察旧店客人的喜好而新增的区域。最里侧的吧台座位是店主觉得最重要的空间，供为了好咖啡专程而来的客人，窝在吧台区和店员畅聊咖啡经、交流生活情报。大门左边有明亮开阔的落地窗个人座位区，以及靠墙的 6 人座。

善用重点情境光源

店内灯光的设计，设计师以局部灯照点缀，店内的角落则搭配具有亮点的单品灯具制造视觉延伸感。

如艺廊般的磅礴气势

虎记商行

📞 02-3343-3508
台北市中正区宁波东街1-1号
每日12:00-21:30
饮品、蛋糕、咖啡豆、挂耳包

面　　积： 33+20平方米
店　　龄： 3.5年
店员人数： 4名（不含实习生）
装修花费： 人民币8万以下（不含设备和器材）
设 计 师： 老板

将艺术结合在装修之中，是他人难以仿效的

装修规划 ” *Plan*

让原有空间特色展现出独特风格的店面

老板先前找店面找了半年多，终于找到现在离地铁近、整栋且面积小的店面，就好像命中注定一样，与这间房子特别有缘分。但是因为此处很老旧且未经整修，必须耗费许多精力与金钱进行整理，身边的人都说老板选择此处真的是疯了。

老板对设计有自己的一套想法，不想跟现在很多洋味的咖啡店的风，只想做出自己的风格。一开始承接店面，除了基本的水电与基础工程之外，在装修和装饰上凡事亲力而为，很多内部设计都是老板亲力亲为的。最后终于造就了现在在风格上独树一帜的虎记商行，令友人和消费者都大为惊叹。店里的各个角落都可以看出老板的用心。

营运历程 ” *Progress*

不花俏，回归咖啡的本质

在开虎记商行前，老板曾在网络公司工作过一段时间，后来涉足餐饮业，开过牛排店，但因为后来的“美牛风暴”而结束营业。其实在开牛排馆之前，老板一直以来都喜欢咖啡，也对咖啡很有想法，所以就借着这个机会，想好好的经营一间咖啡店，于是有了虎记商行。

老板专营精品咖啡，专注咖啡本身的质量，坚持不花俏，实实在在做咖啡。客人手上拿到的每一杯咖啡都是精心制作的成果，使得店里从二十岁出头的年轻人到六十几岁的客人都有。老板也会介绍新豆子给大家认识，相信好东西自然而然就会有人赏识，从而使虎记商行得到肯定。

1 虎记的招牌设计也充满特色
2 从一楼往上方天井望去的风景
3 墙上的手绘插画

这是中式老店吗

虎记匾额有大将之风

虎记的门面并没有夸张的设计，但是漂亮的蓝绿色与红色带来的对比感，将复古门窗与户外老旧桌椅衬托得风味独具，为店内尚未揭露的艺廊般的精彩做了最完美的铺垫。用来作为重要招牌的高挂虎记匾额，除了本身的设计醒目外，更因为楼层挑高的关系，给人一种气势十足的感觉，庄严却不失风格。

装修前的大门不花俏却很经典，衬托着优雅、古老的气氛，恰巧就是他心目中想要的风格，于是老门就这样留了下来，老板用一些有点年代特征或相同氛围的贴纸、海报妆点它，让客人从门口走入即可感受到那氛围。大门是以整扇二进式的旧式大门改装成大片的门面，并保留部分的老玻璃与把手，再进行二次加工，加强把手与开合机构而成，然后为了镶嵌老门，花费了很多心思与金钱，比做新的大门更费工、更需慎重！一旁入口迎接客人的地方稍微向内缩，使空间感受起来较大，有放大感。

4 独特风格的老门、高耸的匾额营造高挑感
5 在老物件上加上创意，就是不一样的全新风格
6 自动关门的机关是老板的作品。而机关设计是采用古代的老派作法，运用门的重量来自动关门，避免门开了却不会自动密合
7 吧台设置在一入口处，一开门便迎来咖啡热腾腾的温暖感

灯具、壁画构筑店内华丽奇幻风格

小空间的艺廊般磅礴气势

相较于其他咖啡店较保守的单一路线，一进入虎记，在意识到店内陈设、桌椅设置之前，心早已经被绚丽、充满创造力与独创性的彩绘墙面与造型多变的灯具所掳获。艺廊般的视觉飨宴让人忘记这是一间仅 30 多平方米的迷你咖啡店。

店内墙面遍布的彩绘用色与大胆且特别的构图，是店内魔幻氛围的大功臣，若非有一定的艺术表现，其实大量墙面彩绘是冒险之举，而虎记的彩绘与老旧空间，与家具完美融合，并且独具风格。墙面最主要的图腾是曼陀罗，那是老板多年的老友为展现老板心理状态而量身创作的意象，代表了老板开店的决心，透过画作记录当时的这个片段，不但很符合心境，也与整个空间融为一体。

1 墙面彩绘的原料为亚克力与油漆
2 有一部分吧台，直接延伸至室外
3 挑高的天井设计，让小空间放大了气势
4 特殊曼陀罗壁画
5 从二楼往一楼的楼梯

精彩的别致灯具

多样的灯具秀

店内的灯具同样由才华洋溢的曼陀罗创作者亲手制作，本来是在某年的元宵节时带来店里展示，没想到竟然跟店内装修十分搭配，久了也就没卸下，与墙面同风格的作品互相辉映。

老板选择看似相近但实际都不同的灯具去搭配，会让人发现虽然各桌的灯具都不同，但灯光氛围却一样，且采用暖色系的昏黄灯光效果，能带给人温馨的感受。吧台工作区的灯光特别明亮，这是因为老板要确保工作不出乱子。其实每个座位上的灯光也都经过设计，不是太亮却有一定的气氛，混搭不同的灯光也有很棒的效果。

6 每款灯饰都不相同，却营造出细腻灯光
7 座落在天井的灯具们
8 洗手间内以虎记商行纸袋包裹的独特造型灯具

工业风的特色吧台

凝聚时光的沉稳内敛

位于入口处颇有工业风格的吧台设计，以厚实的木头作为桌面，下面垫上堆栈整齐的空心砖，让摆放各式餐点的橱窗完美地镶嵌在其中。而吧台的灯光透过空心砖间的缝隙透到前台，营造出不论何时都能感受到优雅宁静的效果。而且走到柜台点餐也可以是一种享受，每位客人都能细细品味个中感受。

吧台设计成有一个斜面是对外的，让站在吧台的服务人员与客人刚好可以看见罗斯福路的十字路口，视野较宽阔，心情也能比较好，不会因为久站而感到不耐烦，同时遇到认识的人还可以打招呼请他进店里一起享受咖啡。而在外面等红绿灯的行人也容易看到吧台的人，或被店内的装修所吸引，走进来凑个热闹，因此吧台这个角落很受客人欢迎。

1 吧台上方的黑板，呼应店内墙上鲜艳的彩绘
2 特色空心砖微微透出光亮，在虚实之间营造有趣光影
3 斜面对外的风景。空气窗的设计可避免冷气外泄

桌椅的精心配置

客人来店的体验好，客流自然就不会下降

虎记商行空间不大，如果要维持一定的客流，势必得多花点心思。即使空间小，也要兼顾客人舒适的享受，像是填补天井后虽然可以容纳较多人，但会牺牲宽敞感，因此作罢。另外，虎记选择的椅子特别大，人们在喝咖啡的时候不会因为空间小而觉得不舒服。

老板在安排座位时，也特别留心到各个桌子的客人视线不会相对。“同桌朋友在聊天时视线对到没关系，但是跟其他桌的人对到视线会造成些许尴尬的情绪，所以别让客人四目对望却无话可说。”老板很贴心地设计安排，让每个客人来到虎记都可享有很棒的谈心环境。

进到店里或许会发现走道不太宽敞，那是因为要让坐着的客人坐得舒服，不因空间影响到喝咖啡的心情，可尽情地聊天。

4 桌面选用南方松实木，并涂上金质保护漆，让视觉上更有质感，细细亮亮的感觉很有味道
5 皇后椅的高背设计，提供了如同包厢的半隔绝效果。除了靠垫外，还设置了头枕
6 二楼天井

独特的挑高天井造型

是采光的主力也是独特的风格

当初在设计采光的时候，在门面运用透明玻璃把光线引导进来，却没想到因为光线角度的关系，内部采光并没有增加，所以另外设计了天井连接到二楼，让自然光透过天井从二楼的窗户洒进来直达一楼的用餐空间。当天井的阳光打在墙面的画作上，那里便随着光的变化呈现不同的视觉效果，使得整个空间不显单调，带起些许灵动的色彩。

至于二楼的部分，老板规划好天井空间后，亲自用电锯卸下二楼的木地板，透过“C 形”钢立柱，挑选适合的木材，将漂亮的二楼吧台架起来，形成既是走道也可倚靠的立位空间。

稳重元素与跳色的交织平衡

另类混搭效果

塑胶与塑胶感的东西在此几乎销匿，而以木材、铁、布料与玻璃等元素营造有质感的风格。“旧的东西有它的美感，也刚好原有留下的家具质量不错，改装后能成为店里不错的摆饰。”老板说。其他旧物也不是特别去古董店寻找的，都是在因缘际会下透过身边的人找到的，最神奇的是老板说当需要的时候就不知不觉与那些物件相遇了。

使用以上这些材料，呈现出来的视觉效果较为稳重厚实，给人很安心的感觉，像是咖啡色、墨绿色的搭配；也有其他角落选择用较鲜艳的颜色，像是红、蓝与黄等，做出视觉上的反差，配合灯光，在一片低调中不失活泼，形成对比。

施工执行细节

木头怕湿，首先要重视漏水问题

天花板几乎重新整理过一次，新建的管线都靠边，整理过的天花板才不易让管线破坏视觉；视线往下，地板水泥几乎重铺过一轮，也特别注意水泥的纹理，不能抹太细，在多雨的台北容易滑倒，刷上条纹就可避免危险，而吧台底部须做上让水流走的设计，以免积水影响食物安全。

刮风下雨，是老板最怕的天气，因为店里有许多木材装修物，因此老板十分注意漏水问题，还有白蚁，因为水气多时木头里容易被白蚁筑巢，为保障木头安全，老板会在木头上在用药，情况也明显改善许多。

1 一般咖啡店少见的天井
2 墙上的曼陀罗是依据老板个人风格而创作
3 一楼通往二楼之梯间
4 旧物的摆置别有风味，此为洗手间
5 老旧桌子的细致滚边

经营特色 *Characteristic* ×4

POINT 1

不提供网路

老板有自己的经营理念，希望客人来到这里可以专心跟朋友聊天或休息，因此不提供无线网络，让客人能在忙碌的生活中留得一丝喘息的机会。

POINT 2

严选拉丁风情的音乐

因豆子多从中南美洲进口，所以店里音乐也多倾向于拉丁风格，是老板从小听到大的音乐。其实音乐也是装修的一部分，气氛并不是只有硬设备才能表现，不一样的音乐会给人截然不同的感觉，因此要坚持认真挑选每日播放的每首歌，即使客人不会真的认真听每首歌，那些旋律也是整间店不可或缺的一部分。下次再来到这间店时，客人脑海里浮出的整体画面，音乐也是其中的一部分。就算是工读生也不能随便依照心情播音乐，只有得到老板同意后的歌单才能在店里播放。

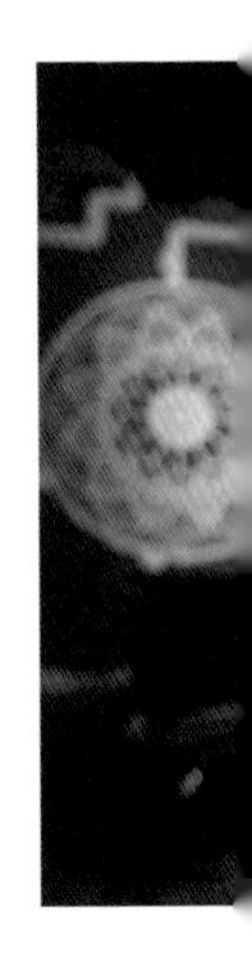

POINT 3

店 猫

在店内喝咖啡时，老板的爱猫可能会从你脚边经过。这是一只会随意穿梭于店内的有个性的猫咪，或坐或站都掳获了不少人的关注，是爱猫人士留连忘返的原因之一。

POINT 4

尝试全新的饮品风味

来到咖啡店理所当然是想喝杯咖啡，但老板希望第一次来的客人，先丢掉对咖啡的既定印象，将其想象成一种全新的饮料喝入口中，体会不一样的感觉（茶饮也是如此，茶选用阿里山严选好茶，以高品质打破客人以往对饮品的刻板印象）。虎记商行使用的都是单品豆，容易让客人理解自己对咖啡的喜好。

布置诀窍

POINT 1

墙面彩绘

替代现在流行的水泥裸墙、壁纸或砖墙，需要硬功夫的彩绘墙完全靠创作者的实力，如何画得美观、有创意，又能为店内带来想要的风格和气氛，除了艺术天份外更需要用心的观察与尝试，如此才能与空间完美结合。

POINT 2

猫咪照片

梯间的木墙上，贴满店猫及老板与猫的黑白照片。黑白照片让人感觉温暖之余，也装饰了梯间。

Light & Line Schematic Diagram

POINT 3

不同椅子抓住不同客人的心

是不是每次到不同的咖啡店除了要挑选舒服的角落外，还要选一把看起来顺眼的椅子？除了会认角落位置外，人也是会认椅子的，老板深知人这种微妙的心理，特意让每张椅子都不同，有超高椅背的皇后椅，有方形的国王椅，也有高扶手的椅子，每把椅子适合不同的人，客人也可以自由搬动想要的椅子，这便令空间看起来并不无趣，会让人想一来再来。

POINT 4

大门握把的小心思

每位客人几乎都会碰到握把，因为担心以前的“L 形”握把既会让客人受伤，又不容易控制客人的动作，所以老板选用常见的锅盖握把，花小钱便既能保障安全又能提醒客人该握哪里开门。在这些小地方就可略知老板很会运用心理暗示引导客人。

（灯光）+（动线）示意图

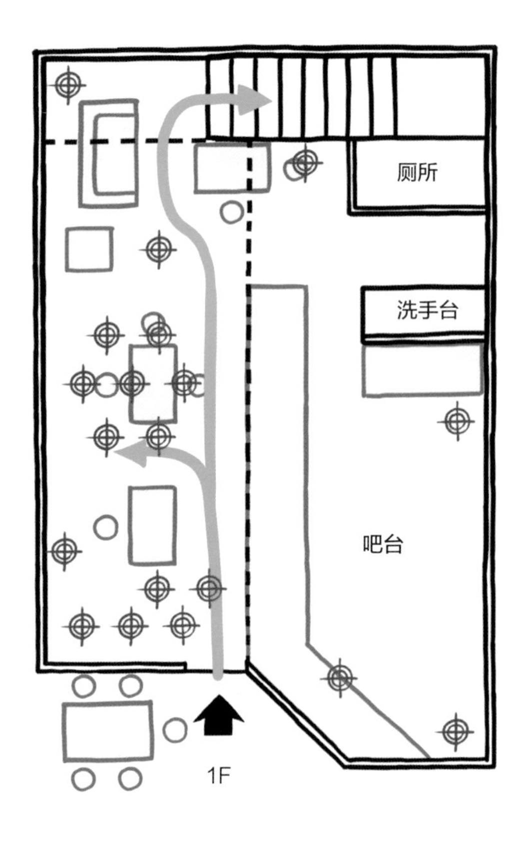

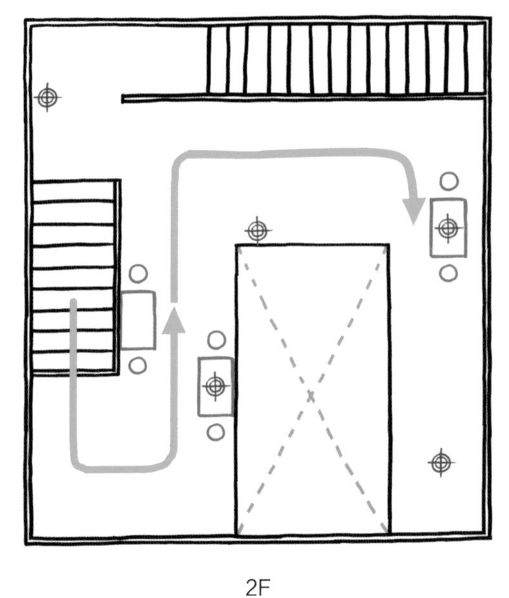

Light & Line Schematic Diagram

围绕着天井设计的长形基地

一楼笔直动线 + 二楼围绕天井

向上与向下的楼梯分别错开，让动线更为清楚，一楼位置安排在天井下方， 二楼座位区则围绕在天井附近，给客人不一样的视觉体验。

天井引主要光源

虎记商行中间有着面积很大的天井，将二楼的自然光线引进到一楼座位区，使客人在用餐时可以享受好的氛围。

除了用主灯灯饰吸引目光外，只有工作区的灯光较明亮。每张桌子都安排不同的桌灯搭配，采用暖色系的昏黄灯光效果，带给人温馨的感受。

老店重生的商机

闻山

📞 02-2933-4567
🏠 台北市文山区景中街19号（景美店）
🕒 13:00-22:00，每月最后一个星期四公休
▦ 饮品、轻食、场地租借

面　　积： 59.5平方米
店　　龄： 34年（从1983年开始）
店员人数： 4-5人（不包含实习生）
装修花费： 人民币16万-18万（翻修费用）
设 计 师： 周美铃小姐（墨荟设计）

真正的“老味”，而非营造出的“复古”

装修规划 Plan
五天工期，老店焕新机

闻山咖啡现址历经了34年的历史，为了提供给客人更好的空间环境，势必要处理建物老旧漏水、骑楼高低差容易使人滑倒、木作吧台腐朽老旧等安全、卫生问题，并借机改善门面装修，因此邀请对古旧物件装修颇有经验的墨荟设计周美铃小姐针对门面、吧台为主进行改装，并做整体的复旧维持，盼望可以通过局部改变贴近原装修，使新旧完美融合，让店家氛围一致。

周美铃设计师以富有电影场景的本店原貌与女性知性美特质为出发点，希望尽量留存当地文化的记忆。想维持老店的氛围，除了要精准掌握新旧物件之间的融合感，色调感觉也不能过度陈旧，并需展现出高贵且宁静的专属感，以维系空间感染力。

受限于不间断提供咖啡豆的现况，只能压缩现场的施工期限，需在五天时间内尽速完成。除了将前置作业尽量在店外完成，也借由门面与灯光的调整改善了先前室内偏暗、客户止步不前的问题，从日后新增客户群与原有客户群的对新改装的评价来看，实属一次成功的改装经验！

营运历程 Progress
咖啡传奇，历久不衰

1983年由陆弈静小姐创始的“闻山烘焙”，在咖啡界传香二十余年，堪称传奇，辗转至今已历三任老板，咖啡生意却始终都没有偏废。如同使命一般，每一任老板都是以自家烘焙为主，并且配以熟练的经营团队，如此才能接下进生豆、烘焙、店面销售、咖啡豆供应等重担，也因此此店址34年来咖啡香从未断绝，而目前的经营团队念及初衷，将想要烘焙好咖啡给客户的想法保留下来，也留下了“闻山咖啡”的名字。

1 大门进来左手边的实木招牌
2 最后方的烘焙工作室，以玻璃与座位区作间隔
3 以装米容器的想法去收纳咖啡豆

从门面就展开的复古期待

用浅绿色和暖黄灯光吸引你

上漆后又刻意磨旧的浅绿色斑驳门框，搭配上能一眼览尽的店内暖黄色光源的大片清玻璃，让闻山咖啡在街道上特别显眼，经过的人都很难无视它的复古韵味，会忍不住朝店内多望两眼；而一旁写在实木上的“闻山烘焙”四个大字，更是画龙点睛地镇住了整个店面，散发的历史与文青感不言而喻。

不同于一般店面大门的平整，周美铃设计师在顺应地形之下，增加玻璃面与转角设计，做了这个内凹的大门，大大提高了入口的空间感与趣味，而右侧门口橱窗与左侧座位区的设计，不仅使向内观时看起来很美观，还营造出有在户外喝咖啡的意象。

而大门上与店面比例相较之下过大的厚实把手，是周美铃设计师从五金行找来的压箱货，使小门在大把手的衬托下呈现出大器感。另外，购买时因为这组把手年代久远只剩单边，只好另外找不同造型的门把做另一边的搭配，反而还因此让人感觉更有创意，算是意外的收获。

4 设计宽敞的店面与窗边座位，吸引更多人进来了解闻山咖啡
5 店外厚实的大把手
6 店内那一侧的把手

复古风吧台里的现代灵魂

充满迷人魔力的旧空间

进入被复古壁纸包围的店内后，能将整个 59.5 平方米的长形空间一眼望穿。空间可简单区分为前段吧台及商品贩售区、中段座位区及后段烘豆区。

店内左侧的特色吧台区，以一般吧台中少见的沉稳蓝色木作及间接灯光，为此作业区营造出亮眼并与整个复古空间融合的视觉效果。吧台台面上显眼而少见的原筒复古咖啡机，与依高低层次摆放的玻璃杯皿，增添了店内摆饰与氛围的丰富度。

设计师表示，一开始有思考过将吧台改装成砖砌作法，但是因为考虑到店内空间不大，砖又较占空间，而采用现在看到的木作吧台。且为了应对现在增加的机器与工作动线的流畅，设计时将吧台加长，内里使用符合现代的不锈钢槽及台面，耐用且好清洗。旧有装修前的吧台木板，则在小心拆卸、解体后，以螺丝及钉子重组，置于吧台内侧墙面作为纪念，保留了一分旧物的美感。

1

1 一进门，蓝色的木作吧台是视觉焦点，与怀旧氛围相容
2 复古花纹的天花板壁纸、墙面壁纸及陶砖地板，都是开店至今没有改变的韵味

1 吧台作业区与客人的桌区刻意制造出高低差
2 来自意大利的 Elektra 古董级咖啡机，堪称咖啡机中的劳斯莱斯，气势十足
3 现为壁面装饰的旧吧台木板
4 最后方的烘豆区
5 全店灯光、家具与天地壁材质和装饰等都风格一致
6 在怀旧气氛的堆栈中静心，多的是一坐就能坐整个下午的客人
7 大量留白的相框，更为旧照片增添风味

无法复制的时间魅力

需小心谨慎的修复旧物的工程

“其实很有维护古迹的感觉。”老板不得不说，当初改装时的确想呈现崭新面貌，但不少客户为旧貌请命，因此现在举目所见的墙面旧壁纸、色彩浓重天花板、地砖、旧有的展示柜及层架等，都是承袭自创店之始的风貌，经由整理后持续使用。相较于有些新咖啡店的复古设计，闻山咖啡的古味是真正靠时间累积出来的。

周美铃设计师表示，修复旧物的过程中工班的施工面务必小心谨慎，不能因粗心大意造成二次伤害，并且需仔细评估想要保留的东西的安全性，进行补强或加固，像壁纸是涂上环保胶（水溶性树脂）而非强力胶，当初的壁架也要加强固定，以免年久失修掉落伤人，这些都能考虑到才能在安全前提下维护老店的特殊风格。

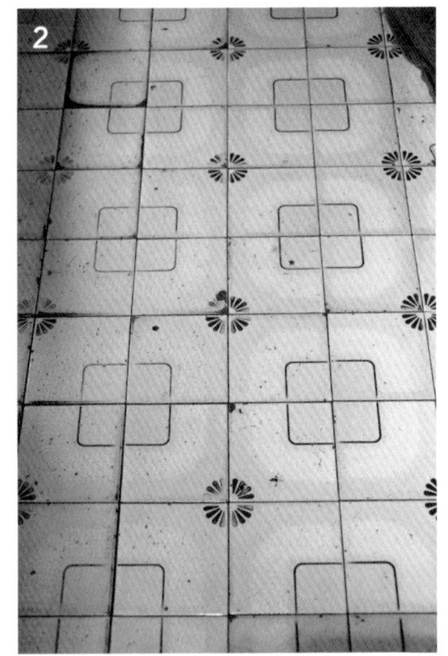

1 复古壁面花纹
2 旧时的红陶砖
3 令人目不暇接的丰富商品区

翻桌率其次，舒适最重要

沿用旧式实木大尺寸桌椅

闻山的主要收入其实是咖啡豆贩售，而非店内的咖啡饮品生意。老板表示，店内的座位陈设其实是以提供最好的服务为出发点，从一开始就没有考虑翻桌率，桌椅的设置方面，自然也是以消费者舒适为最优先考量，就算客人拿电脑来坐上一下午，闻山也很欢迎。

因为以前的旧桌椅用料扎实，做工精致，绝大多数都被闻山咖啡沿用下来，经补救整理后保持原有的风貌。这些旧桌椅都比时下咖啡厅常用的桌椅尺寸大。一开始规划时，并没有增加座位的打算，但后来由于座位数实在太少，周美铃设计师才选择添加门边座位区与吧台单椅区。

特别是吧台座位区的桌面不与工作区同高，采用一般靠背椅高度的原因是希望即使坐在吧台区，客户一样可以保有隐私，不会与工作人员因视觉接触过度频繁而遭受打扰。虽然这几个位置的设置压缩到工作人员的工作空间，以及后方展示贩售区的走道空间，但还是略微满足了更多人在闻山喝咖啡的愿望。

4 比起其他咖啡店大一号且更加厚实的桌子
5 桌面摆设的桌灯是漂亮的彩绘灯

经营特色 *Characteristic* ×4

POINT 1 闻山自创商品

明信片、月历、包装礼盒、纸袋……闻山与插画师合作开发的专属商品，为本店建立起品牌概念并将其具象化，将闻山咖啡的意象从店内延伸到店外，深入人心，让闻山两个字有更丰富的意蕴和更大的影响力。

POINT 2 咖啡相关教学课程

闻山本身除了卖咖啡、开发各类自创商品外，还为消费者开设了咖啡课程，引领了对咖啡充满好奇的人进入咖啡的专业世界。

POINT
3

种类最多、最新鲜咖啡豆的贩售

自家烘焙的咖啡店不少，但能一口气提供 20 种以上的新鲜烘焙豆供大家选择的霸气非寻常店家可及。闻山每次仅提供邻近散客 1–2 天的豆量，种类与质量皆属上乘。此外还有琳琅满目的咖啡相关器具在贩售，它们同咖啡豆一起陈列在一进大门右侧的显眼且开放的层架上。

POINT
4

连锁经营，专业分工

经过这几年的努力，闻山咖啡开枝散叶成立分店，除了原址景美店以外，另有“永春有猫店”和“台大店”，景美店支援各家咖啡豆， 永春有猫店支援各家蛋糕、甜点制作，台大店由于面积最大，可协助生咖啡豆的储存。三家店虽然都是怀旧氛围，但设计细节不同，皆有可观。

照片提供：闻山咖啡台大店

布置诀窍

POINT 1 高层架细腻的收边

有别于一般层架钉挂于常人视线可及的位置，闻山咖啡的层板位子极高，仰了头还得站远才能看清楚上方的摆设，许多与咖啡相关的小器械与壶具、杯组，皆是退役的旧物，都是岁月累积的痕迹，一如精致的镶边环绕，极有特色。

POINT 2 橱窗——不一样的咖啡店景色

谁说一定要服装店或百货公司才能有橱窗？咖啡店当然也可以有。闻山在店面的右手边设置了这么一个别致的小空间，装饰以咖啡相关布置、宣传文字、店内商品等，不同于其他咖啡厅的一眼看穿店内，这个角落让过路人先了解闻山与闻山的风格，再循序渐进进入室内探索。

Light & Line Schematic Diagram

POINT 3

“老”壁纸

在目前大部分咖啡店以油漆或裸墙装饰墙面的风潮中，闻山咖啡中真正的“老”壁纸带给大家不一样的感受，既像居家环境，又有老咖啡店风味，占店内大量面积的壁纸墙面是店内气氛营造的大功臣。

POINT 4

与闻山咖啡历史相融合的海报与画作

挂于座位区左侧的《你那边几点？》电影海报，左下角还有演员陆弈静的签名，她同时也是闻山烘焙的创始者；除海报外，店内墙上还挂有琳琅满目的加框老照片及画作等，大大小小的与其他挂饰搭配摆放，是与店内气氛浑然天成的装饰品之一。

（灯光）+（动线）示意图

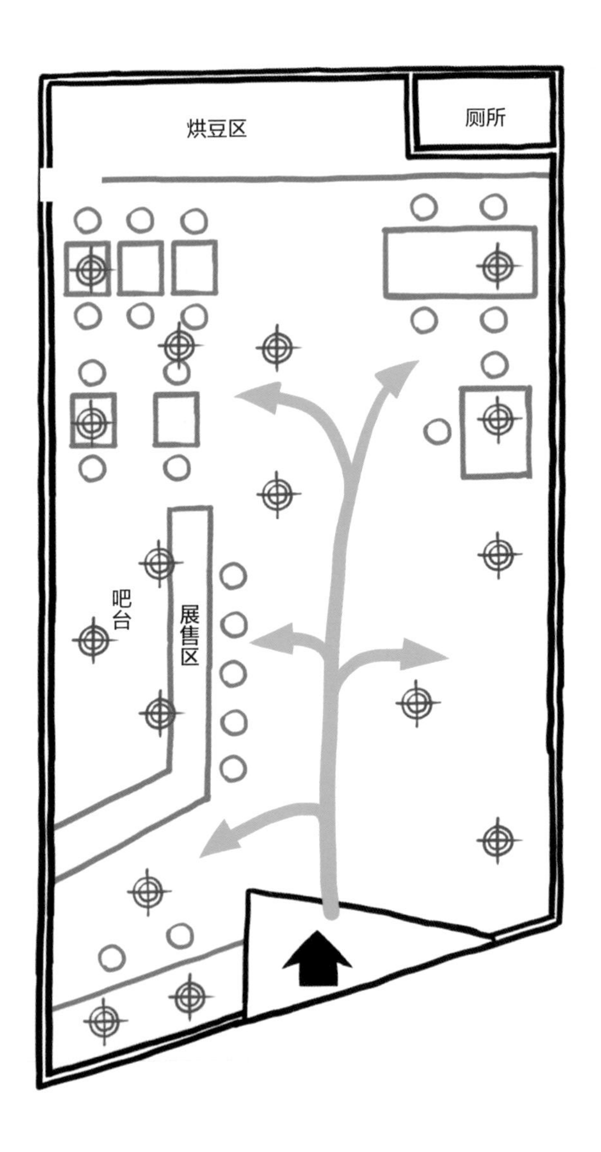

Light & Line Schematic Diagram

座位设置在里侧的安心感

易懂的笔直动线——适合长形基地

空间区分为前段吧台区及商品贩售区、中间的现场品茗区，以及后段烘豆区，自门口进入后于前段吧台点餐后，入内径自于中段品茗区选择位置坐下，动线单纯，即使是初次光临也能一望即知。

依座位区设置主要灯光

以前的老房子没有天花板，于是效仿英国旧式木制图书馆的做法使用台灯。闻山咖啡以保留原本的照明为主，延续使用英国古董式的台灯，这样对气氛营造最没有干扰性，如果改成一般坊间流行的全面照明，空间原本的安静感就会被破坏。

吧台区的上方吊灯，是由周美铃设计师自宜兰专卖旧货处特地找来的奶油灯，本是新竹玻璃文化极盛时期作为外销品的款式，现在则成为压箱宝。海报展品等重点投射还是以 LED 灯为主，只是尽量减少其过度的科技存在感，以求融入整体氛围。

坐上时光机回到20世纪50年代吧

夸张古懂

0983-425-003
台北市中正区临沂街40-5号
周一至周日11:00-20:00，周二公休
饮品、轻食、场地租借、杂货贩售

面　　积：59.5平方米
店　　龄：4年
店员人数：1人（不包含实习生）
装修花费：人民币4.5万以内（亲友价和无限的手工）
设 计 师：老板

2

装修规划 Plan
定位明确的20世纪50年代

出于不想主攻过路客，老板莉颖一开始就设定要开一家在巷弄内的咖啡馆。花了大半年的时间，从淡水、大同区、中山区找到目前的店址，内里朽旧如废墟，面积也比原本想要的三十几平方米的小店足足快大上一倍，但是此区浓郁的20世纪50年代风格，让莉颖还是决意承租。

莉颖选择用最节省的方式装修，打算借由时间的累积慢慢让店面丰富起来。自认上辈子是眷村人的莉颖，借装修设计与古件收藏将室内时光恢复到民风纯朴的年代，吸引了不少人慕名而来，这些人年龄层多在25–50岁，并以30岁左右的女性居多，还有很多客人带着父母来怀旧。尽管隐身巷弄，鲜明的装修风格依旧为咖啡店成功打响了名号!

营运历程 Progress
夸张人生v.s.夸张咖啡

曾在连锁咖啡店服务20年的莉颖，与朋友合伙开店却不甚愉快，使其一度对此行业感到心灰意冷，不知未来方向，后来却在一次帮忙调校磨豆机时意外找回心跳的感觉，最后决定自立门户，独力撑起一家咖啡馆。

为何取名“夸张”？莉颖笑称一来这是她的口头禅，二来是她自觉目前为止的人生经历，非“夸张”二字不足以形容，或许哪天来喝杯咖啡时，有机会听莉颖娓娓道来这其中的缘由。

1 迷人的夸张古懂咖啡店，既像杂货铺又像乡下奶奶家
2 很有布置想法且有20年从业经验的老板
3 店内搜集的大量古物，有的是纯展示用，有的也用来贩售

时光倒流到20世纪50年代

“看门外一张张好奇又疑惑的面孔，可是一道有趣的风景！”

夹在两间店中间的咖啡店复古又夸张，显眼的“tiffany 蓝”，以窗户拼出的外墙，与贴满纸条的玻璃窗，让来访者第一眼就目瞪口呆，进门前总免不了探头探脑，搞不清楚这究竟是住家还是店面……另外，海报上的大同宝宝、贴在两旁的春联、毛玻璃上的剪纸、木椅、伞架等都散发出古老的趣味感。

大门的“窗墙”的材料来自附近邻居的半买半送，并由装修大哥巧手帮忙组合在一起。将好几扇窗户跟大门组合成夸张古懂咖啡店的门面后，由于整面都是毛玻璃真的太像民宅，莉颖便卸下门上的毛玻璃，改成清玻璃，变成可以让访客看见店里的景观窗。

夸张古懂并没有醒目的招牌，莉颖笑着说其实第一年连招牌都没有， 只有怀孕的好姐妹蹬着高高的楼梯帮忙在门楣上写上店名而已，后来朋友还随意裁了两块木板，写着店名挂在墙边才有了所谓的立牌，一切就是这么因陋就简。

1 充满文青感的字句拼贴装饰

2 大同宝宝的手绘图
3 算盘也能当作装饰元素
4 老板在门边装上了辅助器材，大门有热胀冷缩会自开自关的特性

沙发为主、椅子为辅的桌椅配置

杂货小铺柜台

进入室内，这里延续了门外的氛围，重现出早期家居朴实而温暖的生活情调；虽然一时之间会有误闯民宅的错觉，但仔细想想，一般人家中的大厅不太可能摆这么多套沙发。

店里约十来个座位，大多是沙发，中间则是一条宽敞的走道，直通底部的柜台与厕所。往柜台走去，手边两旁都是儿时记忆中的古董或老玩具，荧幕还有推拉门的巨大款电视、小时在外婆家才看得到的旧碗橱、妈妈挑灯夜踩的缝纫机、墙壁上的海报与黑白照片……时光瞬间倒流，彷佛又回到小时候。

“真要做吧台，会占掉太多空间，实在太可惜了！以前的工作经验，总让我觉得吧台虽然让客人与我坐得很近，但其实心里的距离很遥远。”因为不想打扰客人，夸张古懂咖啡店里没有吧台，入门后走到底，至柜台点完餐后就能选择入座，多数是离柜台有一定距离的座位，这样能保有客人最大尺度的自在空间。

柜台设计来自日本车站中杂货贩售点的概念，小小的空间却是五脏俱全，是莉颖在日本打工旅行时的美好印象，请木工用一般的木芯板制作，钉好了再由莉颖自己用油漆上色，并挂上诸如报纸、明信片、招财猫等小摆饰。柜台内同时也是工作区，由于只有莉颖一人工作，预留空间不需要很大，节省下来的空间全部反馈在座位区与展示区。

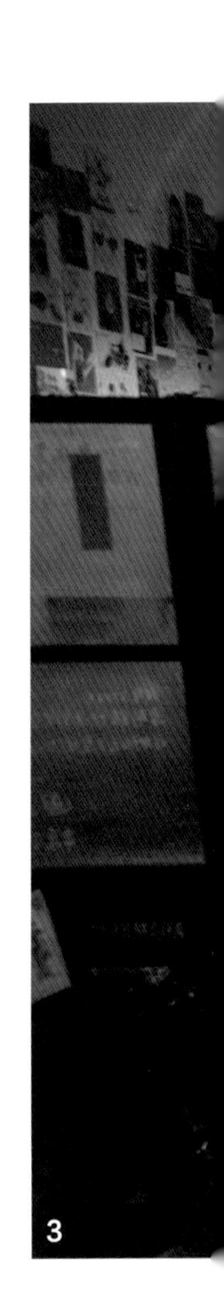

1 显眼的蓝色窗框墙面与拼贴纸张
2 神来之笔的格屏与梯子也是用来装饰物品的好地方
3 不管从哪个角度观看，都是风景

1 几乎全是沙发椅的座位，依照距柜台的距离规划而各有特色
2 以日本火车站杂货贩售点的概念布置，让丰富的色彩带出欢乐的童趣
3 类似书报摊的线绳 + 木夹吊挂装饰法
4 老板亲手制作的水桶灯

2

3

4

老物的搜集与改造

没有隔间的座位分区设计

夸张古懂座位通通靠两边摆放，因此从入口处，视线就可以一路通到底。中间的主动线让人感觉清爽整齐，但是移动脚步往店内深入，两侧或屏风，或书柜，或古物展示，不断出现不同的风景，充满探索不同分区的乐趣；尤其占满墙面与桌柜的大量古物收藏摆设，着实目不暇接，并且绝对会让人想从座位上起身一探究竟。

店内的装修风格源于老物的独特魅力，而莉颖收集的老物有不少只花运费就到手了，有些客人家里刚好要淘汰家具，但是又舍不得丢，就会来找她商量。“像是亲友分享的老电视、爸爸提供的老杯盘、客人送给我的老桌椅，还有刚好遇到物品更新而丢掉的旧物或是有人搬家时清出来的旧物，来到店里经过我的整理，就成了夸张古懂咖啡店的一份子。”另外，有剧组相中夸张古懂咖啡店的氛围，来这里拍片后，莉颖也会留下一些好看的场景摆设，丰富装饰之余也做一个纪念。

许多旧物件没有做任何改变，不上漆不保养，擦干净了就行。“东西只会更老，不会因为保养而更年轻，只要我们珍惜使用，以前东西的材质好，比现在的东西耐用很多，这些老东西都是有记忆的，应该保留它们的味道。”

1

1 所有的海报、照片不表框，直接用透明胶带固定四边贴在墙上，提醒着我们大家都曾生活在这样一个简单直率的年代
2 尽可能在一个空间只呈现一个视觉重点，或是邻近的物品意义，像是座位区以照片、乐器、书籍、蓑衣、海报等分别作为主题，就自然能吸引目光
3 奶奶的碗橱在泛黄的灯光下凝结时光
4 会引起大多数人共鸣的大同宝宝

桌椅的历史演变

欢迎光临！不同的客人有专属区域

最早店内其实只有四张桌子，当时的排列有横、有直，但也是乱中有序。后来逐渐演变成现在的七张，采用椅子隔桌相对、面对面的坐法，虽然座位彼此紧邻但不会被打扰，并维持直走到头的点餐动线。莉颖认为目前已经是紧绷的临界点，不太可能再增加座位。全店的座位以沙发为主，另外希望所有客人都能坐得舒服开心，从一开始就没有考虑高脚椅。

莉颖对于座位分区有一套自己的想法：①刚入门右手边的大桌容客量最高，通常会请超过四个人的客户群体坐在那里，而且桌子比较高，方便使用计算机。又因为离柜台最远，就像是家中的青少年房，总是有许多无忧无虑的爆笑声响传出，常是夸张古懂店里最热闹的角落；②柜台正对面的四人沙发座位如同长亲房，是莉颖心目中的 VIP 座位，离她最近，跟她聊天最方便；③其他的四人、双人、单人座则是像去朋友家的房间，大家在位子上有的沉思，有的赏景，有的低声絮语，虽然没有隔间却宛如卧室领域般私密。

1 就算是铁椅，也贴心到使客人坐得舒适
2 厚实的木制茶几，其实是收纳箱
3 外形各不相同的桌椅，带出不同的氛围，让店内更精彩

年代不是问题，重点在风格统一

天花板与地板的表情秀

上方的轻钢架天花板，是因为担心原本天花板的旧木料碎落而加盖的，也因为老房子总是高挑，这样设计依然能保持空间高度，有人说轻钢架与 20 世纪 50 年代的格调不符，但莉颖说这就是那个年代“便宜行事”的精神，既然想要呈现“家”的感觉，以前人不都是根据实际情况斟酌处理，哪有一定要怎样的？过度执着反而矫情了。

以大理石地板与磨石地板配上壁面最简单的百合白，没有多余的加工或层次营造，忠实呈现以往宛如一镜到底的长镜头。

1 轻钢架维修方便，价格也比天花板更便宜
2 儿时记忆中的磨石子地板

经营特色 *Characteristic* ×4

POINT 1

超怀旧音乐

在夸张古懂咖啡店听不到小野丽纱的歌，多是20世纪50年代—80年代的经典歌曲，全是莉颖个人的喜好，她认为在歌里可以听到自己的心情，一秒回溯往日时光，既然身在中国台湾，当然要听中国台湾的歌曲，这也让临沂街这59.5平方米的空间自成一格，门里门外是两个截然不同的时空。

POINT 2

热门话题——“好孕”沙发

一开始是因为有对不孕不育夫妇来店内之后回去便有了孩子，之后又接连发生过几回类似的事情，使店内这组沙发坐了之后会容易受孕的话题便逐渐盛传开来，目前真的有不少客人是为了这组沙发而特地预约来夸张古懂。

POINT 3

特色装修摇身一变成为拍片场景

如此定位明确又有特色的复古咖啡店，自然会受到电视剧或电影剧组的青睐，成为拍片场地之一，有几部知名的影片都曾在夸张古懂咖啡店取过景。

POINT 4

绝对夸张奶泡绘画

做意式咖啡起家的老板，也有不少手冲咖啡单品可推荐，最受欢迎的“夸张特调”并不是老板刻意加料，而是在黑咖啡绵密的奶泡上写上“夸张”二字，真所谓名符其实。莲花摩卡则是画上转运的莲花，希望大家否极泰来、时来运转，这些趣味奶泡绘图让人会心一笑。

布置诀窍

POINT 1

就是要满——大面积张贴法

不同于一般零星、点缀式的张贴墙面，夸张古懂的宣传采用大面积贴满墙的丰盛感，与店内的古懂物品、饰品相呼应，追求“满”的感觉。当这些充满设计感的卡片聚集在一起，这种张力会比较接近大海报或壁纸的效果。

POINT 2

吊挂装饰向上延伸视觉

尤其小面积的场所，装饰更要往墙壁发展，这是有效运用空间，也是让视觉焦点往上延伸的手法，能为空间塑造出层次感。

Light & Line Schematic Diagram

POINT 3

收藏＝展示

将店内当作是收藏品收纳与展示的场所再适合不过，和客人分享老板的喜好与品味，不仅充满共享的乐趣、创造出话题，也堆叠出店内的风格。

POINT 4

幽默一下——用文字与客人互动

“大侠、侠女，请勿上马！”除了用摆设或设计跟客人对话，在店内贴上让人会心一笑的标语也是一种对话的方式，展现主人的幽默之余，也让客人在这边有段快乐的时光。

（灯光）+（动线）示意图

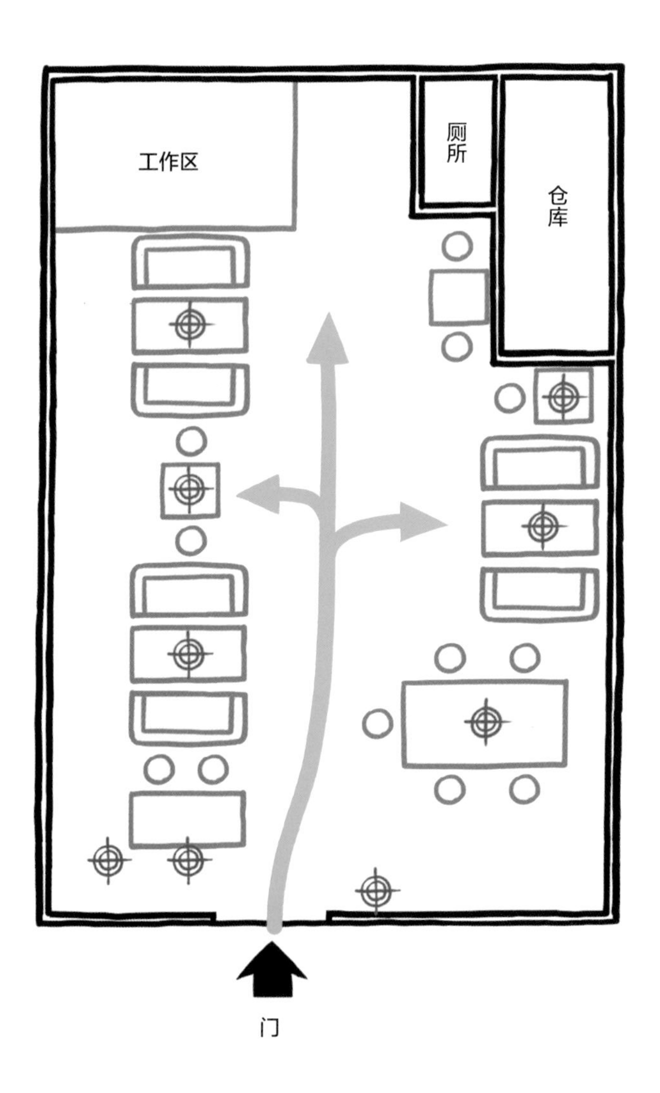

Light & Line Schematic Diagram

一分为二的长形基地

两侧座位，吧台在最里

进入店内后，明显可以看到外侧都是座位区，而中间的主要通道引领大家直线走进最里侧的柜台区，座位往两旁放也是最节省空间的配置方式。

一桌一吊灯

以前的老房子常常都只有一盏主灯，往往都偏暗，目前为一桌一吊灯的配置。起初是买爱迪生灯泡搭配桌椅，但因实在太暗了才重新规划成吊灯。使用黄光是为了保留安定的感觉，维持温暖但非通明的家庭照明感，“有时太亮反而让人觉得恐惧”。

藏身在咖啡馆里的服饰店

Kuantum Kafe（已停业）

📞 –
🏠 –
🕒 –
▦ 饮品、轻食、衣服贩售、场地租借

面　　积：40平方米
店　　龄：1年
店员人数：1人（不包含实习生）
装修花费：人民币33万（含部分订制家具，不含设备）
设 计 师：老板

2

装修规划 *Plan*

结合服饰与咖啡的独特复古工业风

虽然 Kuantum 原址前身也是咖啡店，但老板依旧选择归零重做，选定英式复古工业风格的优雅与粗犷，带入大量的古董、铁锈、木质、玻璃等元素，同时在复旧的过程中保有一定比例的装修前的原貌——时光催熟的痕迹，并纳入自己的品牌服饰成为空间设计的一部分。在纽约就读帕森斯设计学院服装设计系的老板，一开始就打算让咖啡跟衣饰无缝衔接。

将所有内饰、标志设计一肩挑起的老板，以黄、黑、白作为招牌的主色，希望借由黄色搭配黑白的经典色，让人感受力量、热情与创意，进而塑造出自己的风格，成为记忆的亮点，也是邀人更靠近一步的敲门砖。

营运历程 *Progress*

自创英文单字成为店名

什么是“Kuantum”？说起店名的由来，竟跟物理有些关连：量子是一个不可分割的基本个体，是最小的单位，它组成了宇宙的全部。量子的英文名称来自拉丁词的“Quantum”，老板以她姓氏的首字母“K”取代“Q”，得到了“Kuantum”这个词，并把它做为咖啡店和品牌的名字。

开店的地方是找了半年才找到的，老板说恰巧遇到店面转让才能圆梦。店面靠近地铁科技大楼站，邻近台湾大学、教育大学两所大学，还有不少的上班族，人潮鼎盛，也因为靠近学校的关系，有不少来学中文或是教英文的外国人，更让与国外流行同步的 Kuantum 如鱼得水，成为不少外国学生的信息情报站！

1 对外一侧的墙面，做成整面迎光的透明玻璃形式
2 年轻且有艺术天份的老板
3 店内椅子造型各异

美式餐厅的沉稳底色与明亮招牌

“这里是咖啡店吗？”

在人来人往的复兴南路二段，Kuantum 店面的沉稳用色使其相对低调，但是亮白与亮黄用色的招牌又很难让人忽略它的存在。在将店名改为 K 开头之余，更将一般惯用的 Café 用“K”来做统一，让本店在第一印象上即给人趣味与好奇感。宽度不宽的店面整个用透明玻璃表现，使来往或站在店外的人能够清楚看见店内的陈设与装修，无形间拉近了彼此距离。

候位木椅与印出店内招牌产品的大海报，让人感受到老板对店外陈设的用心，并且海报也有宣传与吸引来客的功效。

1、5 门口的等候区座位看似斑驳，实际延伸了店内的复古氛围

2 玻璃窗框是以木框与铁框结合后再镶嵌玻璃

3 大型木梭制成的门把，是串连服饰与咖啡的重要意象

4 从充满美式风格的门口往里望去的景象

1　自然氧化的铁件与木作气质契合

2　厚实吧台配上后方错落丰富的柜体，让吧台区整体丰富热闹

3　入口右侧的整面墙做成黑板墙，将所有店内的咖啡单品以英文书写上去

厚实的实木吧台的温暖与份量感

走进英国老咖啡店的错觉

若非提醒自己身处中国台湾，一进门迎面而来的吧台营造出的浑厚质感，着实让人惊喜之余还感到置身于欧洲。在略显昏黄的灯光映照下，原木吧台的沉稳木色显得更充满韵味，吧台上的黑胶唱片、音响、杯盘等丰富的用品，与吧台后方墙面上错落木柜中的收纳物，都在自然而然中成为摆设的一部分，堆叠出并非刻意营造的专属咖啡店的温馨生活感，或许这也是小店的独特优势之一，容易让人感觉这里不是店，而是另一个延伸的生活场所。

靠近吧台后发现，其实木头吧台上也布满了许多铁元素，打上铆钉更显坚固与利落并散发出工业质感。铁件部分刻意在施工时不上保护漆降低明度，为营造自然氧化的陈旧感，老板在完工后还刻意每天朝铁件喷洒水雾，希望可以加速氧化，不过后来发现中国台湾的湿度叫人叹为观止，所以哪怕省下这道工序，氧化的速度也令老板非常满意。

长形小店的座位分布

欢迎光临古董高脚椅博物馆

因整面玻璃的通透，白天靠外侧的前段座位让人感觉明亮，尤其是最外侧落地窗前的三个座位，营造出小店中难得的明亮与开阔感受。因长形基址的关系，里侧座位简单分为吧台区一排座位、靠墙区一排座位，店内虽然只有 40 平方米，却总共可坐 26 人，店主很妥善地运用了空间的分配。为保持走道宽敞，吧台旁桌面设定为 30 厘米，每个座位的宽度以一台笔记本电脑与饮料的为参照，但不提供插座，希望可以塑造成一个专心聊天喝咖啡的场所。

另外值得一提的是，全店的椅子几乎都是古董高脚椅，这也成为本店的招牌特色之一。一般来说，通常只有吧台区会使用高脚椅，而本店的高脚椅都是老板从各古董店花工夫搜集而来的，造型材质各异，陈设在店内像是艺术品似地呈现出不规则的美感。连靠墙那排木头沙发其实也是高脚椅型板凳，下方有脚踏处可踩，并参考人体工学抓取适合的弧度，以一条条木头整排拼接，要求每一根木头都要等宽，以追求美观与弧度的表现，并上保护漆以避免频繁使用所造成的损伤。

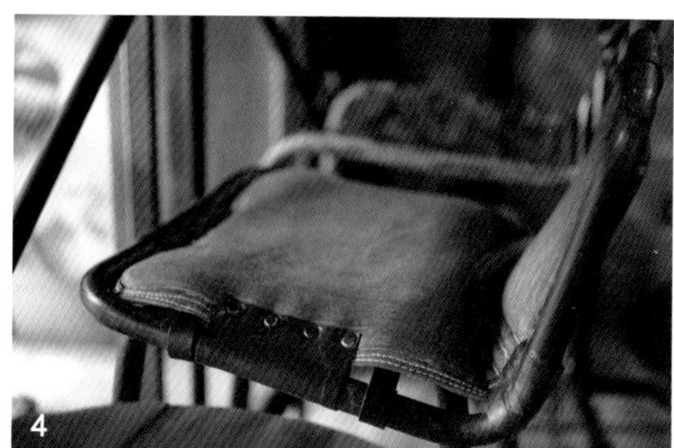

1 Kuantum 靠墙的一侧
2 在墙面上钉上整排的头靠垫，头靠垫上方则以墙上打钉的方式吊挂可出售的画作
3 吧台区座位
4、5 材质各异的古董高脚椅
6 连国外都少见的高脚椅型板凳，坐起来很舒服

是咖啡店也是服饰店

在服饰店喝咖啡的优雅感

店内的一大特色便是与咖啡店同名的自创服饰品牌“Kuantum”，在店里举目望见的绝大部分都是老板的作品，或是从欧洲、韩国经由老板亲自带回来的特色服饰，服饰的类型跟店内空间一样充满个性，让本店多了时尚的氛围，是和其他咖啡店很不相同的特色。陈列的服饰既能成为空间的装饰，又是可贩售的独家商品，另外除了实体店面的销售外，现在也进行网络渠道的贩售。

本来想安排吧台区旁的工作区块作为个人工作室，但目前则是被服装展示区与表演舞台所共用，主要的服饰区位于吧台里侧的位置。

灯光的舞台秀

不同时段的不同点灯技巧

由于店面只有单面采光，即使是白天室内灯光亦会全部点亮，搭配落地窗让川流的人潮可以看进店里，入夜后悬挂在门口中央的古董灯则亮起来，走道灯熄灭，再打开桌上的小型灯具，让环境偏暗而隐私。老板笑着说有些咖啡厅就是以明亮的灯光吸引人潮，但 Kuantum 的冷调复古则往往让初访者在落地窗外不断探头观望。

在灯光规划方面，老板区分出走道灯、吧台灯、座位灯与点缀式灯。由于古董灯具买来时没有灯泡，老板就买各式不同的灯泡试着调出自己想要的颜色，最后多是选黄色的钨丝灯泡，应用于走道灯、座位灯与点缀式灯具；投射灯就选择白光打在商品、工作区等做重点强调，并以轨道方式因应随时变动的商品陈设，如需增加灯源也很方便。

1 人形立台带着淡淡的咖啡香，撑起新一季的服饰潮流
2 特别订制的衣架
3 展示区的服饰
4 高悬在门口的古董灯
5 刻意刷旧的墙面
6 管线一并刷黑后，和天花板融为一体

4

5

6

用心打造的硬体古味

认真破坏造就斑驳墙面

店内温暖复古氛围的成功营造，各式复古物件以及各种光源的映照是大功臣，另外，空间装修面，像是天花板、墙面、地板等硬件细节都经过用心安排设计，以低调不抢眼的方式缓缓诉说着老故事。

老板选择不做天花板，而是将管线整理有序后一并刷黑，表现裸露的美感，同时也维持空间高度，她认为梁柱本来就是空间的一部分，不需要刻意包梁。高脚椅座位区域的墙面本来是请师傅作画，但因不能让自己满意，老板和工班索性以电动磨砂机自己动手，用力且认真破坏后才变成现在略显斑驳的模样，大家对复古感的成果相当满意。

服饰展示区的墙面，选择保留一面当初拆除旧装修后的砖墙，仅以浅灰色油漆简单刷过，粗砺清晰可见，与另一面水泥墙共同构成服饰商品的背景。

1 洗手间大门上大大的 Kuantum 代表字母“K”
2 刻意保留的砖墙

木地板下的30年惊喜

“像是拆开包装获得礼物一样惊喜！”老板本来想将前身的木地板全数拆除后做个水泥地板，没想到拆的过程中显露出屋子原来的地板，保存状态非常的好，并带有起码30年的岁月自然酝酿的美感。不只老板赞叹这一“惊喜”，来访的客人注意到后也忍不住询问赞赏。

连结吧台区的架高木地板，原是老板留下来预计作为服装设计的工作区域，可说是设计能量最丰沛的区块，老板细心挑选来自意大利、西班牙不同纹理的瓷砖与架高木地板拼接出自己想要的花样，一开始先在计算机上试拼，现场师傅施作时再略做微调，终于做出自己喜欢的感觉，低调而华丽，美不胜收。

3 保存状况甚好的老地板是热爱复古风的老板可遇不可求的宝物
4 美丽的拼接陶砖地板

经营特色 *Characteristic* ×4

POINT 1

欢迎参加英文读书会

由于店中外国客人不少，加上发现有些想练习英文沟通能力却没有管道的中国朋友不在少数，自国外归来的老板便提供场地与机会让大家来喝咖啡，顺便用英文聊是非。目前于每周一晚间举办的英文读书会，每次聚会时间约两个小时，只要有心，不分国籍，都能在咖啡香中打成一片！老板表示，最近正在筹备中文读书会，让外国朋友也能过来练习用中文谈天说地。

POINT 2

不插电也精彩的现场表演

延伸自老板国外的生活体验与自身才华的随性展现，Kuantum 与其说是文艺展演的空间，不妨说是有缘相聚一堂时引吭高歌的上佳场所。由多才多艺的老板唱歌、键盘手、吉他伴奏，让周五晚间的不插电现场表演随老板的心情呈现不同的表演风格，无论是热闹或感性，都能配上店里的好咖啡，快乐地迎接即将来临的周末假期。

POINT 3

氮气咖啡

除了以三年以上的野生老蜂蜜调制的蜂蜜拿铁广受好评之外，Kuantum还有在全台湾地区创先河引进的“氮气咖啡”，让不少外国朋友闻香而来。这种在美、澳非常流行的咖啡，因有绵密的气泡并带着啤酒的口感，吸引不少客人特地来尝鲜，不过比起一般咖啡起码多三倍的咖啡因，由衷建议想喝又不想睡不着的朋友下午就来报到吧！

POINT 4

手工甜点蛋糕

Kuantum的招牌甜点是重生奶酪蛋糕和重黑巧克力蛋糕，浓郁、扎实、无添加剂的美味，是许多回头客一来再来的原因之一。

照片提供：Kuantum kafe

布置诀窍

POINT 1

一条直线挂画法

因为面积限制的关系，可供发挥布置的墙面也很受限，在吧台对面的主座位区，除去靠头枕与最上方的梁外，仅剩的长形空间用来摆放一整排画再适合不过。展示的作品是一对美国画家夫妻的画作，画作以咖啡的浓缩汁液作为颜料，借由咖啡呈现的褐棕色调或渲染或着色，深具特色的作品裱框后一字排开，令人感觉整齐清爽，也让此空间多了一分画廊般的人文气质。大部分画作同时配合售卖。

POINT 2

不同造型小柜创造的墙面趣味

承袭店内混搭不统一的创意风格，吧台后方墙面的柜子也相当有趣味。不同于一般咖啡店追求的秩序，Kuantum 的柜子大小、材质、样式都不同，错落的架设，加上小板子和画作的穿插，整个墙面热闹丰富。这些柜体大部分都是订制的，也有来自法国的古董木箱。

Light & Line Schematic Diagram

POINT 3

订制的造型把手

老板觉得一般的生啤酒把手没有特色，因此自己设计了两个纯铜的造型把手——代表老板的 K 与代表店址的 333 号铜制把手，从美国专门订制把手的店家带回来。另外，店内也摆设了许多特别订做的 Kuantum 的商品，像是纸杯、袋装咖啡豆等，为 Kuantum 塑造了整体的形象包装。

POINT 4

造型各异的古董灯具

店内的古董灯具也一样来自世界各地，除了需要付出时间与心力在各跳蚤市场或古董店慢慢搜集挑选，还需要可遇不可求的机缘。在颜色与款式上，老板并没有预设立场，都是看了喜欢且觉得适合就掏腰包，它们随性地展现着多样风貌，也让店内给人的感觉活泼、不呆板。

（灯光）+（动线）示意图

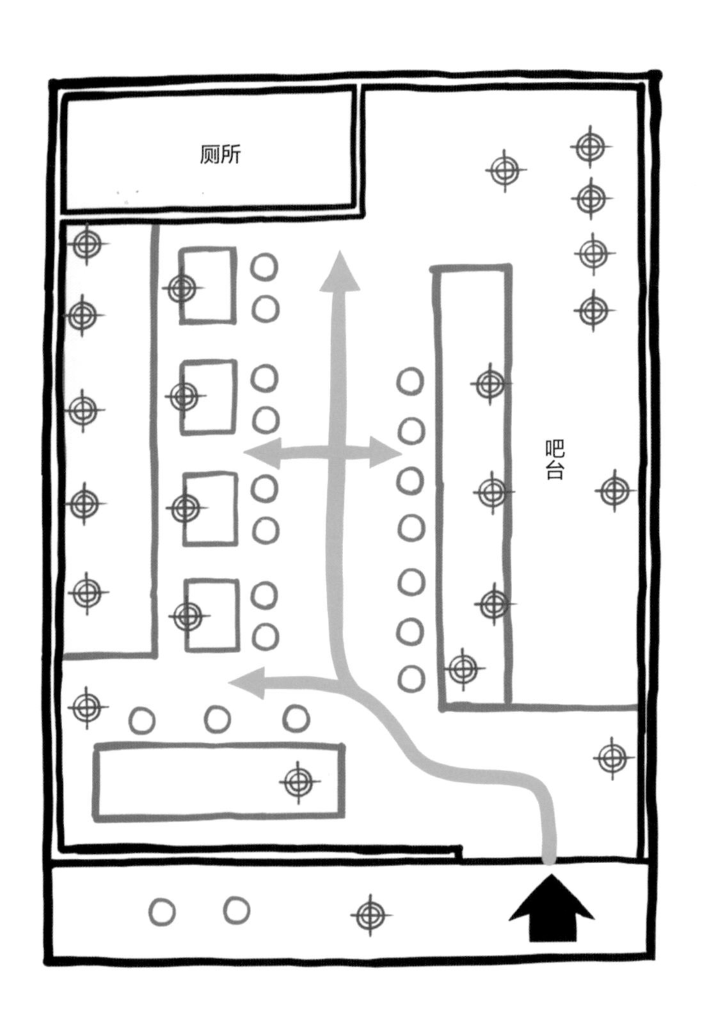

Light & Line Schematic Diagram

设置最多座位数量的长形基址

长形空间最佳配置，座位数最多

一进大门，全室动线一直到底，窗边与动线两侧皆为座位。座位数不少的情况下，一条直线的走动动线仍然相当顺畅，外带的客户一推门入内即可参阅右手边的菜单墙点餐、结账、取餐，需要堂食的客户则循视觉动线考量吧台区座位，或是左侧高脚椅区座位或是靠窗区。

不同效果的灯光渐层

店内的复古灯具造型本身即相当精彩且具艺术性，在位置的安排上，原则上也是跟着桌子走，小桌上方皆独立搭配一盏灯，长桌的话大概平均分配2—3 盏，点餐区、吧台、服饰区等机能或展示区则另外配置灯光。

小面积的纯白秘密基地

ARA Coffee Co.

📞 06-298-6387
🏠 台南市安平区健康三街107巷7号（货柜屋）
🕒 周一至周日，7:00 -19:00
▦ 咖啡、茶，最低消费一杯饮品

面　　积： 土地面积297.5平方米左右，货柜屋66平方米左右
店　　龄： 3年
店员人数： 老板+2名店员
装修花费： 人民币22万元左右
设 计 师： 丁尺建筑（www.jr-architects.com）

2

装修规划 ” *Plan*

咖啡的事可以很纯粹

创立近一年的 ARA，坐落在台南安平一个宁静的住宅区里。事实上，说“坐落”不是那么的精确，应该说“停放”才是，因为 ARA 是一家由三个货柜屋组成的咖啡店。

也许台湾地区的人们已经很习惯喝咖啡了，但很多时候，我们习惯的是在咖啡厅里的消费，习惯于付钱给那里的装修、气氛和空间，甚至甜点与轻食，咖啡反而成为配角了。

但对许老板这样习惯喝咖啡的人来说，咖啡应该是一件必需品，而不是休闲娱乐时才会想到的东西；外带能将喝咖啡这件事单纯化，并降低价位，让消费者得以细心品尝手上那杯咖啡最纯粹的豆子香。而且自己喜欢的纯白和朴素风格在一整排店面中将无法展现特色，更别说吸引顾客目光。但开业总是要找个亮点，和市面上其他众多的咖啡店区隔；于是反复思量后，决定将主要精力放在外带服务和外带杯上。

营运历程 ” *Progress*

爱咖啡的人，每天都要一杯好咖啡

许老板自高中时就在咖啡店打工，渐渐有些兴趣和心得后，就开始自己去找一些书来研读、涉猎相关知识，之后更参加烘焙师的培训课程，陆续取得相关执照。许老板毕业后也从事过其他行业，然而最终还是决定拿出积蓄，创办理想中的咖啡品牌。

1 纯白货柜少了工业风，多了一点清新韵味
2 隔壁的 7-11 便利店也可以带来一些客流
3 一目了然的外带区和堂食区路线分划

当时，台湾地区刚引进“外带”这样的经营模式，老板本人也比较喜欢早上人手一杯咖啡、带着就走的饮食习惯，再考量到自己手上握有的资源与资金，于是决定以创建属于自己的品牌为主，设计一家主推外带的咖啡店。而选择以货柜体的方式呈现，是因为这在近年有逐渐流行起来的趋势，加上他一开始就知道只会做一楼，没有要增加楼层的意思，所以不用担心结构补强等问题，因此完成度高的货柜体对他来说相当方便，只要打好地基，就可以直接在里面工作了。

1

1 三个货柜体相连处打造出一个画面留白的可爱中庭
2 屋项上面先铺一层水泥，然后是空气层、抗UV的架高瓦片，它们能加速散热，外层颜料也用隔热材质，正中午曝晒时屋内也不会变热
3 E 区的三角中庭铺满了碎石子，刻意种了生气蓬勃的鸡蛋花，紧邻大落地窗，可把光线和绿意带入室内

至于品牌名字和标志，他委托设计师发想，只希望好记好读，英文字母不要超过三个，最后选定“ARA”，这是咖啡豆阿拉比卡（Arabica）的前三个字母。品牌名称决定后，设计师再发想标志，最后选定现在这个样式，因为有夸张曲线的大 A，即使远处也一目了然，给人以深刻印象。

许老板一开始就有很清楚的认知，像他这样的小资本装修，很难比得过大品牌，它们在建材选择、氛围营造、室内设计的细致度等方面的优势，不是他手上现有资金可以获取的。

1 放在店内可随意索取的设计文宣卡
2 采访当天刚好是万圣节，店家应景地做出相关搭配，让白色货柜屋增添了不少色彩，刹那间便缤纷了起来
3 桌子另外焊两根支架用以支撑

3

既然决定以货柜为主体，找店面的前提就是要找放得下货柜的空地。一开始锁定台南市区即中西区、东区，以及永康市区，面积设定为 66 平方米至 99 平方米，不含停车区也没关系。经过三个月的搜寻，在两地的市区频频碰壁后，最后在安平区健康三街发现这块紧邻 7-11 便利店的三角空地，虽然 297.5 平方米的面积远远大于老板原先的需求，但却符合他理想中的转角区块。因为没有足够腹地让汽车拐进来，加上咖啡价位不高，因此最终针对顾客群体设计成以机车道为主的外带区块，并预留停车空间。

规划好外带区机车道后，老板还特别留出行人可以行走的道路范围，对他来说，行人可以悠哉、无顾忌地走在店家前是一件很基本也很重要的事，一方面，这样店面才有办法吸引路人驻足；另一方面，他觉得这本来就是店家责无旁贷的责任。

ARA Coffee Co.

Coffee
&.
then the

msc

1 店名配合隔壁以蓝白为主要色系的俄罗斯餐厅，构成一道美丽的风景
2 店内安置了许多可爱的绿色植栽
3 朋友赠送的符合该店货柜主题的面纸盒
4 店门口脚下大大的银色 A 字，品牌识别度极高
5 很容易成为网民打卡焦点的一面墙

4

5

1 ARA 和日本品牌合作，提供咖啡豆、咖啡杯、帆布袋等订制化商品，打造更多元的品牌形象

2 工业风锅盖吊灯搭配暖光源标志出店内动线

选好地址后，老板开始选购已退役的二手货柜，因为外带才是本店的主业，所以室内空间一开始就不打算做大，故选购三个二手货柜，一个约 26 平方米，然后与建筑师商讨接下来的施工部分。在告诉建筑师他想要传达的是“以货柜体搭出来的街角亮点”后，建筑师提出不同排列组合的几个方案，最后选定现在这样由四边体组合成的三角形。由于堂食区的室内空间尽量以简洁为主，也要保留货柜体最原始的样子，包括裸露的钢筋结构等，因此室内装修工程不大，老板只要求空间整齐、好清扫，照片拍起来好看即可。

现在这个位置，车可以停在路边，因为不是位于主要道路上，“暂停”很容易。虽然不是在观光区或热门景点，但周遭围绕着许多新大楼、社区，住户户数稳定，相对而言可以培养出更为固定的客户群体，让即使称得上是经营门外汉的老板，也可以不慌不忙地站稳脚跟。

经营特色 *Characteristic* ×4

POINT 1 经营的是品牌，不只是一家咖啡厅

现在市面上的咖啡价格，从便利商店的人民币 11 元一杯，到名店里的人民币 44–66 元一杯都有，ARA 旁边就是只卖人民币 11 元的 City Cafe，但老板认为，不同价位本来就会吸引不同客户群，只要找准定位，市场并不会萎缩，只会重新分配。

POINT 2 精准锁定上午、下午不同客户群

早上 10 点前的上班时段也是 ARA 一天中最忙的时候，老客户可以配合 App 提前点餐，骑着摩托车上班时，经过 ARA 就可顺手带走一杯咖啡，这也正是老板最想锁定的客户群。下午 1:00–2:00 则是另一波高峰，年轻人会在这时出现，三五好友找个地方喝咖啡、聊天、拍照打卡等。

POINT 3

拉高杯数销售，专心做好外带服务

矗立在路旁的纯白货柜屋极具特色及设计感，开业至今吸引了不少人进来参观、拍照、品尝咖啡，目前外带与堂食的比例为 1:1，如同老板说的："如果我有 66 万人民币，我宁愿拿那些钱开三家货柜屋，而不是砸在装修上，开一家位在骑楼里的精致的咖啡厅。"因此他的营运目标仍然是提高外带比例，说不定下一家就直接专心做成外带服务据点。

POINT 4

拥有高人气，不排除未来增设餐点选择

因为不希望咖啡被喧宾夺主，ARA 目前只提供咖啡和茶。但喝了咖啡嘴就馋，几乎所有堂食的客人都会问老板有没有甜点或轻食。虽然目前没有，且不限制客人自带外食（口味不重即可），但老板也渐渐思考，如果 ARA 要提供食物，怎样的点心才可以代表这个品牌，或是台南这个城市？这些思考点的背后藏着他对 ARA 的未来规划，只有产品够独特、有不可取代性，才有发展成连锁品牌的可能，或引进至其他城市，甚至其他国家的意义。

布置
诀窍

POINT
1

利用落地窗引进户外光和绿意

刻意保留中庭的原因是不想让整个货柜体给客人一种封闭的感觉，建筑师在这里开了落地窗，引进阳光，让整个室内采光良好，以此区分出内外感，自然不会让人觉得室内空间窄小。

POINT 2

简约基调布置，再反馈实惠价格给客人

尽管室内空间宜人，极有原则的老板还是不忘提醒希望喜欢 ARA 的朋友多利用外带车道，或拿着外带杯上街发现台南的街道之美，而不只是关在咖啡厅里面看铁皮屋。既然主要是为外带客人服务，那桌椅就可以用比较简便的材质；硬件设备的钱都省下来后，就可以回馈在消费者身上，因此店内虽然卖的是精品咖啡，每一杯的价格却是实惠的，均不超过人民币 18 元。

品牌商品维持一贯耐看的简约设计

（灯光）+（动线）示意图

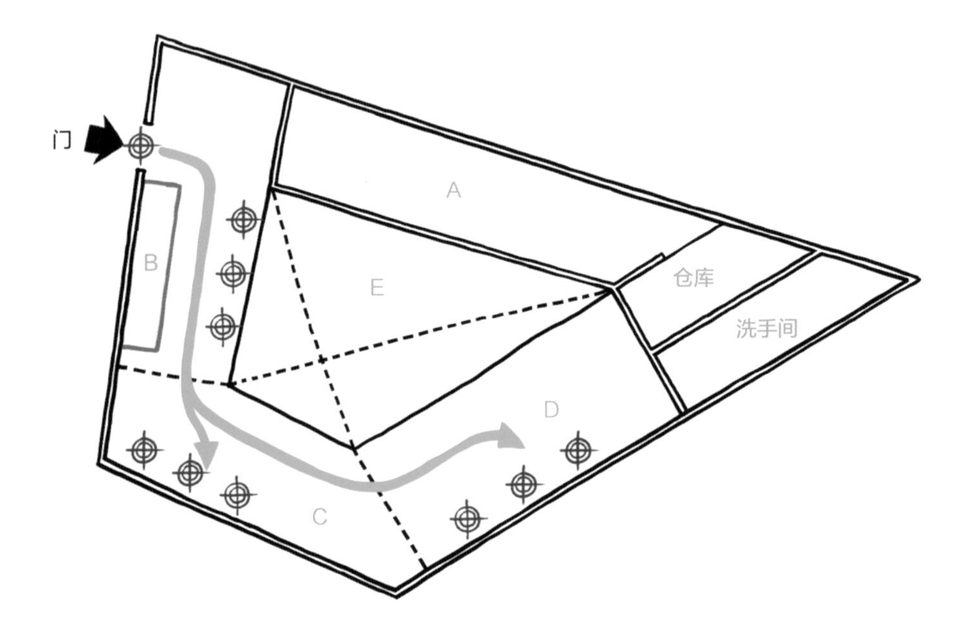

Light & Line Schematic Diagram

刻意做出天井的三角形基地

小空间也能划分隔间

综观配合马路而设的外带区，咖啡机、柜台和仓库都设在 A 区这边，而堂食区的入口处不想离柜台太远，一方面能好控制人流，一方面店员也不会疲于奔命，因此设在 B 区，如此一来，采光良好的 C 区与 D 区就是仅有的内用空间区，D 区的最内侧则分两个隔间，一为洗手间，一为安置大型机电及水塔的仓储。E 区则是天井。

局部灯照标示动线

全店的灯光配置以局部灯照点缀为主，落地窗开在 B 区和 E 区，让小面积的室内拥有通透的视觉感受，配合室外洒落的阳光，是整家店最能吸引人来拍照的角落之一。

狭长明亮的自在空间

ichijiku café & living

- 无
- 台北市永康街91-1号2楼
- 周一至周日13:30-21:00，周二公休
- 饮品、轻食、杂货贩售

面　　积： 50平方米
店　　龄： 3年零4个月（2015年8月开业）
店员人数： 1名（不含实习生）
装修花费： 人民币11万左右，含家具和设备

2

1 从吧台朝靠窗处望去的风景
2 白色与木色的搭配感觉清新
3 大片窗外的绿意小确幸

装修规划 ” *Plan*
餐饮店变身干净、利落、简单的咖啡店

一方面预算有限，一方面老板本来就喜欢不太热闹的地点，能在网络上找到这里也算十分幸运。不仅原有空间氛围就好，不需变动太多，能有效节省预算，而且虽然位于二楼却享有永康街的人潮，再加上有一扇非常漂亮的窗户采光，简直完美地符合需求！此店的前身也是餐饮店，在干净简单的前提下，延用了一部分原有的装修设计，部分则依老板的想法重新规划。

这里空间狭长却很明亮，有种来到朋友家客厅的感觉。“有位住在亚利桑那州的国外朋友，说这里的感觉很像他的家。”或许是植栽的搭配与墙壁的触感，让他想起位于沙漠地区的故乡，但其实老板并没有预设偏向任何风格，有别于时下咖啡馆的工业风或华丽风貌，她要的只是干净、利落、简单，如同“起居室”的概念。

营运历程 ” *Progress*
让人一头雾水的可爱店名

什么是“ichijiku”？不解的人可能一头雾水。其实是“无花果”的日文读音，也是老板从小养到大的绿绣眼的名字，如此可爱的名字成了店名，也纪念着长大后飞走无踪影的爱鸟。老板从开店的筹划到实际经营经历了三年多的时间，因为不断自问“为何要开店”，才在经营中了解到唯有自己才能解释的答案——饮食，这才是开店的重点！不只是咖啡，要凭借一店之力介绍更多安心的食材让大家认识。

来访的客人多为25-45岁，大部分是喜欢有质感的咖啡馆的女性，也因为隐密性够、环境清幽，宛如“秘密基地”一般，让许多喜欢一个人来的客人能放心地来喝杯自己的咖啡，不需等待任何人。

二楼的秘密基地

省预算&安静气质

不同于一般咖啡店的一楼显眼店面，ichijiku café & living 反其道而行，低调地坐落在巷弄内的二楼，仅在一楼楼梯口靠墙处放上一块写上店名的木制招牌。

抬头望向二楼，ichijiku café & living 以白色窗框与大片透明玻璃，搭配下方设计感十足的横向松木木条窗台，在一片普通住宅窗景中显得特别清新、有气质，而窗上与窗台或吊挂或摆放的植物，也有画龙点睛的功效，虽然默默无语，但是散发的气质还是吸引了过路人的目光。

1 位居二楼的 ichijiku café & living 并没有醒目的招牌，宛如秘密基地
2 沿着阶梯上二楼前，会先看到融合小鸟意象所设计的招牌，标志跟字体都带着小鸟灵巧的感觉

不规则的基地让空间更有层次感

吧台的高度、宽度学问大

ichijiku 店内为狭长型的凹字型基址，老板以入门左侧可见到的锦安市场外墙的窗景，与右侧由瓷砖拼成的安静白色吧台，在视觉上做出巧妙平衡。在吧台点完餐，转过身则可将所有座位尽览无遗。由于跟吧台距离较远，习惯独处或是较重隐私感的人也可以自在其中。

与空间其他墙面不同色的深蓝墙面是吧台的主视觉，使得此区在店内一片白色的印象中跳出来变成主角，吧台上规律的六角纹路与珍珠白，低调中闪烁着迷人的质感，桌面柚木刷纹触感顺手而亲肤，高度比一般吧台略低。

ichijiku 现址前身也是餐饮店，为迁就原本的管线设计，将新吧台做在原来的位置，但是吧台太高，怕遮挡客人的视线，因此决定将吧台打掉重做。毕竟除了作为店内卖点的窗户之外，老板希望吧台也能在所有访客心中占有一席之地，让客人可以悠闲在座位上观赏手冲咖啡的完整过程，成为 ichijiku 的另一个主要意象“而且我们使用的是好东西，当然要很骄傲的展现出来！”老板对食材的自信，透过吧台高度一览无遗。

另外，一开始考虑过缩小吧台尺寸，让出更多空间让厕所门方便开合，但是考量到吧台若缩小的话看来“不够份量”，由此便维持原本的宽度不变。

3 长形基地，吧台与大窗分居两头对望

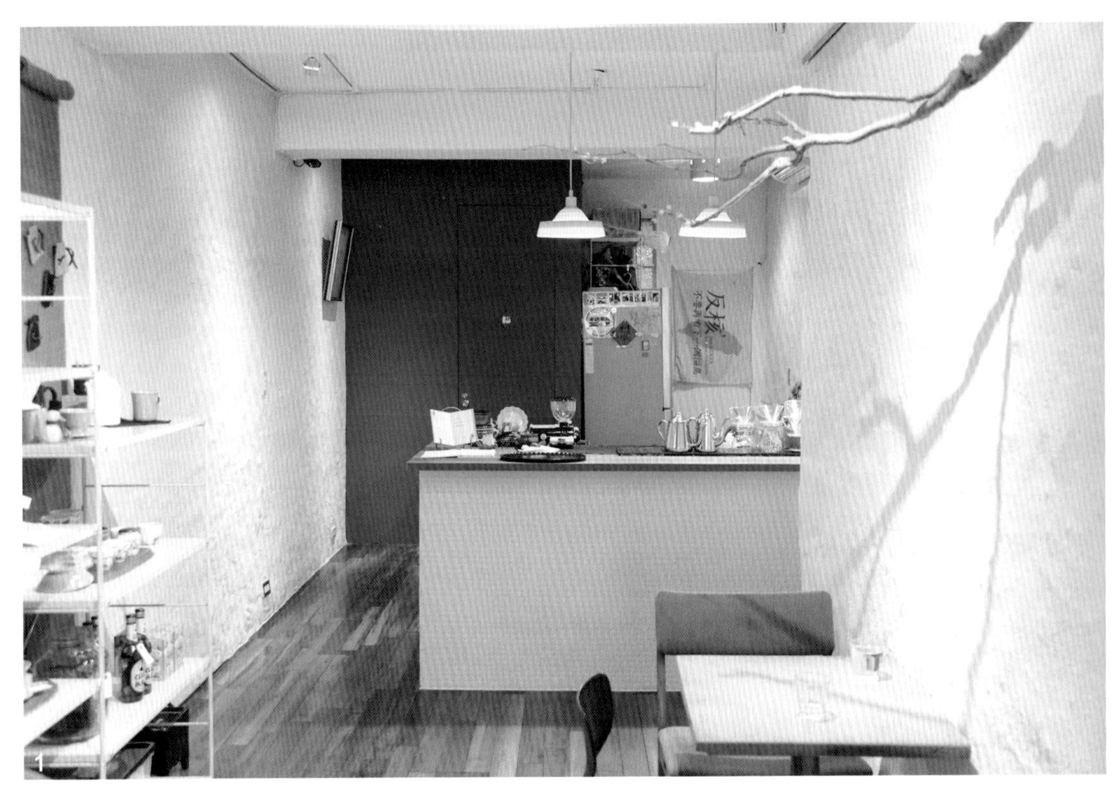
1
反核

2

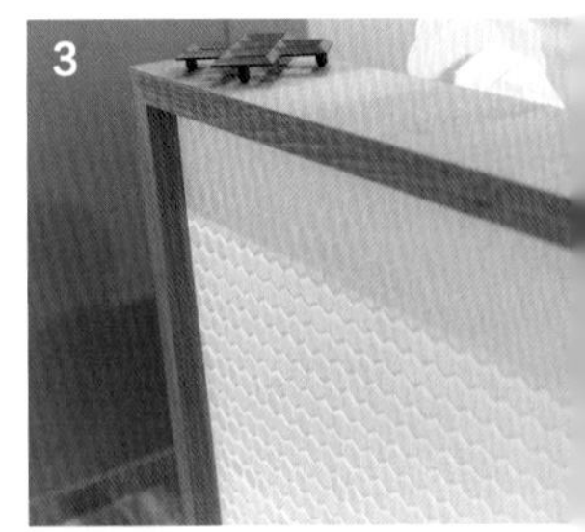
3

4

5

1 偏低的吧台高度，除了展示制作过程，也让朋友乐于亲近，从而常常靠近吧台与老板聊天
2 吧台台面加深的木质纹路与不上漆的木桌桌纹，在细微处留下撩动人心的线索，让使用者感受到原始的氛围与正常使用后遗留的痕迹
3 六角纹路的吧台外观
4 窗外的绿意让客人更加放松，尽管只有约 50-60 厘米的宽度，也能让临窗的气氛完全不同
5 将菜单制作成一本质感良好的笔记，文字都是老板亲手书写的，推荐单品之余，也能在菜单中感觉到季节变迁的痕迹

沿用别具特色的不平整墙面

油漆通通自己来

天花板与墙面大量的白色，搭配木地板与大量的植栽，一同构筑出店内的清新印象。ichijiku 的不平整墙面是先前餐饮店留下的，本来想要把它弄平，但后来老板愈发觉得它充满特色，于是就换涂米白色与灰色的油漆后沿用下来。

在两个月的施工期里，除了吧台区请师傅来制作，基本的工作，如刷油漆，都是老板亲力亲为。全室以白、灰、蓝、绿、木质等自然色系为主，并希望色彩的饱和度看起来高一点，灰色墙面至少用毛刷上色三次，蓝色墙面也用滚轮加毛刷足足刷了五次，老板的手工经验值也因此快速累积。

前住户在墙面上遗留了许多钉孔，老板只能用补土仔细填补起来。由于皆是自己实际操作，许多细节更能全面照拂到，像书柜的颜色过于突兀，与明亮清爽的空间不符，老板便想到将书柜下方遮挡不用，并涂上黄色油漆强调框架，以中和过沉的原始色调，加工后效果绝佳。

1

1 纯白墙面与桌椅的木色、植栽的绿色构筑成一幅清新自然的画面
2 画龙点睛且小巧别致的绿植
3 小幅的画作不喧宾夺主，纯白墙面依旧是主角
4 内嵌式的柜体让狭小的空间感觉较为清爽

为降低店内音量，控制座位数

团体客并桌，零星客分享大桌

免除敲敲打打的繁琐工程后，设计感的重担由家具一肩挑起。

前身餐饮店设置了27个座位，老板将其全数清掉。全店只安排了15个座位，遇到展览时期，座位数还会再降低，只希望店里能保有宽敞感。本来中途曾试着将座位扩充到20个，但发现狭长空间人太多时声音的回响会过大，破坏了老板所执着的静雅氛围，因此作罢。

座位的设计因应空间优势有所不同，窗台区明亮温暖，看书、聊天、晒太阳都很合适；靠近窗台的大桌子桌面足足有180厘米×78厘米，老板却只摆了5把椅子，但设计的背后有着深意："这张大桌子主要是接待零星散客时并桌的，目的在于'分享'，这一区的椅子也比较大、比较宽，提供乐于分享的客人以更高的舒适度。"

1 店内的大桌不接待团体客，来自老板坚持的"分享"概念
2 乍看下清一色木色的桌椅，其实暗藏一些创意色彩
3 搭配窗台的老椅子，是以前台湾地区图书馆的常见款式

台湾桧木桌＋北欧老椅子

既然预算有限，钱更要花在刀口上

除了大桌的桌板是特别订做外，其他小桌的桌板都是用老板自己先前收购的台湾老桧木木板抛光、导角制作而成，桌面不上保护漆、不上色，让使用者体会桧木天然的纹理与触感，也让自然使用遗留的水渍记载使用的历程。全室的桌脚都是从宜家买来组装的，大桌桌脚胜在设计与质感，小桌桌脚则以底盘较重的形式兼顾美观与使用的稳定性。

老板酷爱设计利落的北欧老椅子，在台北大直贩卖欧洲老家具的店中买了不少温莎椅，除不太需要修理之外还有店家的售后保障。“我们成组成组的买，每一张椅子都亲自试坐，确认稳固及舒适性。既然预算有限，钱更要花在刀口上，新的原木家具超出我们的预算，而我们也喜欢老家具被使用过的那份带着家的温馨。”

两把宽大的藤编椅，每把试坐的感觉都不太相同，放在大桌让散客可以选自己喜欢的那把看书、用电脑。布面绿椅是两人小桌区的服务主力，让聊天更放松。窗台边的台湾老椅是不少冰果室、图书馆常见的风景，与桌面颜色相称，让春光不仅佐茶，更与老木件携手走进老时光。

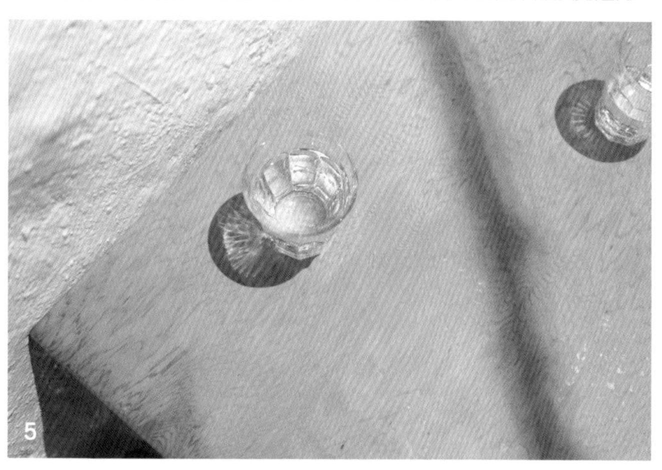

4 位在吧台与墙边的小角落的特等席
5 不上漆保护的桧木桌面，让使用者亲身感受台湾老桧木的触觉魅力

1 藤编椅带来自然手作的清新感及特别的舒适坐感
2 有设计感的单椅

投射灯灯光间接照明，全室光线柔和

用色大胆的儿童灯具惊艳吧台

由于天花板不是很高，若做直接照明容易产生压迫感，加上店内举办展览会的实际需求，因此全室主要以投射灯为主，但并非直接照射于特定物体上，而是以间接光的光晕融合全室的光线。

桌面的照明方面，投射灯的角度由老板专门调整，避免灯光直接打在使用者头上。若是门口等不适合使用明亮投射灯处，则以台灯补足光源。吧台灯另外选用吊灯，为求与后方蓝色墙面呼应而选以绿色、蓝色灯具为主，整体空间以白、黄两种光色混合使用，暗的角落使用比较多的白色光源微调，等入夜后，窗边的两盏黄灯会成为重点光源，整体气氛也会比较暖暗。

吧台的吊灯一开始本想要选择简约的北欧风格，但老板看到飞利浦儿童灯具后童心大起："既然想要呈现家的感觉，不如就用自己喜欢的东西呈现。"

3 儿童灯具除了照明功能，还让空间更具趣味
4 以德国无毒积木制成的小玩具
5 随处可见的小人，还会随着老板的心情而换位子

经营特色 *Characteristic* ×5

POINT 1

不提供电话预约服务

由于多数时间只有老板一人盯店，并且他希望这个店的感觉是宁静美好的，因此决定不提供电话预约服务，平时多以“脸书”在网络上与大家沟通，使得客户会以网络的方式确认店休时间，主客双方从而能够共同维护最佳的现场环境。

POINT 2

不接待超过四个人以上的团体

因为空间与人手的先天限制，老板不接待超过四个人以上的团体，除非是包场的方式，这样可以避免现点现做的出餐模式让其他客人久候。

POINT 3

谧静空间的灵魂

相较起时下咖啡馆的喜欢播放爵士乐，ichijiku 的空谷回声，或是日本的小众音乐，让知音人来到这里自是如获至宝，若对这样的音乐感到陌生，何妨来此顺着咖啡香一起聆赏，体会台湾地区多元的美丽……

POINT
4

喜欢才推荐的杂货贩售

与其说是贩售，不如用“分享”这个词来得更为精准，展示架上的食材、生活器具、杂货以及未来将提供的更多样农产品，全都是对质量极度挑剔的老板自己亲身使用、品尝后才推荐的好物。让这些生活中更应在意的小细节获得正视，并点点滴滴地改善生活的品味与身体的健康，才是“分享”的真正目的。除此之外，老板也提倡环保，尽量减少包装的浪费，如果用自备容器来购买农产品，还会有额外的折扣。

POINT
5

不定期举办讲座、展览

将回馈社会当作是既有责任的老板，针对食品安全、反核、帮助弱势团体等议题皆有着墨，也会邀请相关团体来进行分享讨论。高质感的展览会场是老板非常在意的重点，甚至为配合认同的展览会再调低座位数，突显 ichijiku 单纯的空间样貌，提供展览者以更大的想象场所，想要参与讲座与展览的朋友可以关注 ichijiku 的“脸书”以获得最新讯息。

布置诀窍

POINT 1

植栽——空间中最美的表情

朴静空间中的葱茏绿意是低调生命力的表现，老板特别选择海葡萄这一类的圆叶、大簇的植物，能呈现树的感觉却不会显得过于沉重，另外再加上一些蕨类、藤蔓类的盆栽作为点缀。植物可不定期更换摆放地点，以保持空间干净舒爽为原则。

每天晚上老板会将所有植物集中移到窗外或窗边，让它们从每天太阳升起至开店前可以享受自然的阳光、空气，等到开店时再回归“岗位”。多用心思才能将植栽照顾得容光焕发。

POINT 2

打开窗户吧！——可装饰且实用的电风扇

流动自如的空气是房间内珍贵的资源！ ichijiku 前有大窗，后有小阳台，只要开道小缝就可以让空气前后对流，就能为舒适的环境加分。向往自然与节能生活的老板，几乎都是以开窗加上电风扇的方式调节室内温度。坐在 ichijiku 可以听到户外的聊天声、风声、偶然经过的车声……如此一来，能感受到外界变化，心灵却在室内得到放松，打破了场所的封闭，与外界适度联系，反而更能享受空间。

Light & Line Schematic Diagram

POINT 3

用光影在空间中变魔术

纯净空间最适合突显光影表情，而光影变化也不需要昂贵的灯具或物品作为主角。一节因为台风过后而掉在地上的树枝，老板捡回来整理后，就变成了尽在不言中的艺术品，不妨用轨道灯多试几个角度，找到最喜欢的感觉。

POINT 4

新潮中的旧回味

看似现代的设计其实有些古调的细节融入其中，像是石狮子、复古老风扇、以老木料制成的桌椅……本来想找适合的老瓷砖贴吧台，却因迟迟没相中喜欢的，退而求其次，以珍珠白小六角砖代替，老板很喜欢寻宝，坚信唯有不囿于风格框架，才能维持喜爱的空间样貌并与人共享其中的乐趣。

（灯光）+（动线）示意图

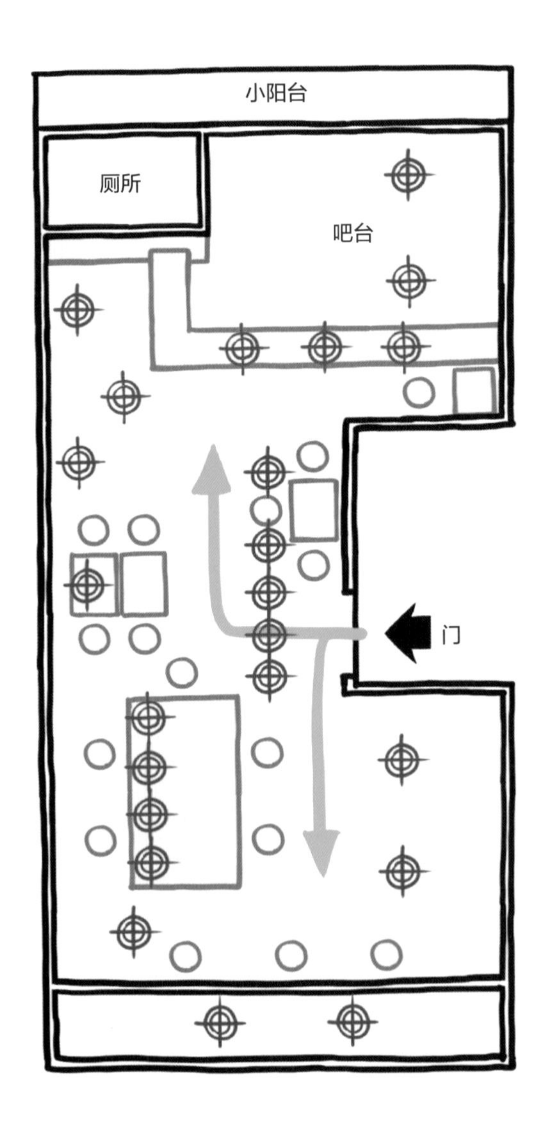

Light & Line Schematic Diagram

中段入口的长形内凹空间

设计笔直动线来节省空间

主要的工作区和座位区分居头尾比较宽敞的位置，中段在错落安排零星座位之余，还留了起码 1 公尺的宽敞走道，让坐着的人与移动的人都同时能感受宽敞带来的舒适感。

大光源＋低调投射灯

灯光的配置跟着桌子与墙边走，白天时，靠外的大窗带进主要光源，店内的低调投射灯与天花板白色融为一体，增添灯光层次。夜晚时，全店的投射灯源摇身一变成为营造气氛的主角，并辅以桌灯。

花艺与咖啡香交织的浪漫空间

花疫室

📞 02-2356-3736/二店02-2703-6393
台北市中正区和平西路一段81号
周二至周日11:00-22:00，周一公休
咖啡、花茶、轻食、花艺教室、干燥花或花朵贩售及包装

面　　积：	40平方米
店　　龄：	6个月
店员人数：	3 名（包含老板）
装修花费：	人民币13万（不包含定制家具和设备）
设 计 师：	老板李济章及其设计师朋友

装修规划 ”

Plan

花及植物，才是主角

“顾名思义即花的‘瘟疫’培养所在，美好的‘疫情’就此开始传播。”一进门即可看出老板把这里叫“花疫室”的原因。

当初朋友通知他来看时，才一踏入便爱上了这个空间，即便当时的屋内情况并不是很好，他仍向屋主承租下来。是门面挑高的楼层、台湾老建筑的洗石子楼梯，再搭配隐藏在二楼的阁楼，让他对这个空间有很多想象。“尤其是人型天花板，让我觉得有种进入童话世界的感觉。”济章说。

虽然自己非设计科班出身，但凭借着自己在花艺店及咖啡馆打工的经验，以及培养出来的敏锐观察力，因此租下以后便跟设计师朋友边画，边改，边施工。他们把一楼规划为吧台兼花店，二楼为喝茶聊天区，三楼是上课教室兼办公室。

营运历程 ”

Progress

花艺室变咖啡馆之无心插柳奇幻旅程

从 20 岁从事花艺店工作开始，老板李济章一直希望能开一家属于自己的花艺教室，再弄个小吧台让朋友可以一起聊天、吃东西、喝咖啡，甚至为此还到咖啡馆、家具店打工，观察别人家的空间布置。

寻找地点之初，设计师朋友经过和平西路附近时发现这个地点，老板在实地观察后觉得十分符合心目中的花艺空间诉求，便签约承租来做花艺教室兼贩售干燥花的店面，而咖啡及甜点只是用来招待学员及朋友上课时的零食及饮料，结果知道的人越来越多，最后却成为这个空间的主角。

1 花疫室全店以干燥花材为装饰主题
2 不做招牌，只在玻璃门上贴一张老板自己手写的“花疫室”牌子
3 花材多样，丰盛且迷人

主题明确的咖啡馆

落地玻璃中的花园

座落在和平西路上的一排两层楼的老房子里，很难想象原本狭小的空间，可以被整理得如此优美而舒适，从骑楼开始便吸引过路人的目光，一整排的黄金葛从上宣泄而下，搭配木制三角架摆放三两盆绿色的多肉植栽，然后是显得悠闲随性的户外座位区，而后才是进入花疫室的大面玻璃拉门。

“光是这铁件拉门就花了我 1.3 万人民币。”老板李济章苦笑着说。改掉原本传统大面玻璃的落地门窗，制作这个四片的黑铁嵌玻璃拉门，是为了进出动线可以较宽广一点，同时也是为了门面漂亮。不过刚开始客人似乎不太知道要开哪一扇门，因此济章跟她的女朋友只好在把手上画上箭头标示，避免不少尴尬。

1 宽度不宽的门面，全透明玻璃是让视野开阔的首选
2 门口以四扇铁件玻璃拉门呈现空间质感

3 骑楼的整排黄金葛将杂乱街景与室内空间作出分隔
4 门口的多肉绿色盆栽招呼来访客人
5 一进门即看到店主将店取名为“花疫室”的缘由

不经意的咖啡与花艺产生化学反应

花是这个空间的主角

走进花疫室，一定会马上为左侧争艳的各式干燥花束、盆栽所折服，种类各异、造型独特且极具艺术性的干燥花设计，比起鲜花更是多了一份内敛古朴的美感，尤其在无太多精致修饰的空间中，与陈列花艺用的复古简单铁架、木桌互相搭配下，更是风味突显。

相对于展示区的争奇斗艳，另一侧的“L 形”小吧台，则以纯木色且简单的设计位居空间中的次要角色。但虽然吧台区占地不大，仍是麻雀虽小五脏俱全，所有的饮品制作与餐点供应作业所需设备，此处也是一应俱全。

一楼空间主要就是以展示与作业区为主，此处已无多余空间摆设座位，预约制咖啡店的座位区集中在二楼。

1 一进门左手边为可销售的干燥花束及小型盆栽，花疫室会帮忙包装
2 一进门右手边为吧台区
3 干燥花及小型绿色植栽
4 整个空间保留原始建筑结构及动线
5 一楼吧台兼花艺贩售区
6 各式各样的精致又美丽的花卉创作，吸引人想带回家观赏

20平方米高使用率的座位区＋风格大作战

简单硬体烘托干燥花主视觉

实际面积只有20平方米的二楼，在有效运用之下，设置了约14个座位，甚至还配置了沙发区，在如此精致的空间中实为惊人。

二楼虽然纯粹是座位区，但在布置上一样延续了本店的干燥花的特色，屋檐、墙面等地方随处可见老板精心配置的吊挂干燥花束，比起一般商业空间最常见的薰衣草干燥花，这边的花种丰富多样，光是走进这一大片赏心悦目的干燥花室就已经让人不禁怦然心动，何况还能悠闲地坐下来喝咖啡、聊天。

跟一楼一样，二楼在视觉规划上，让花当主角，而空间的设计则尽量简单低调。除了方便吊挂花材的铁灰色钢架天花板、简单挂上朋友手绘画与文句的灰色系墙面外，其余如地板和桌椅都以木制品统一质感。

这些老板自己搜购或捡来的清一色木头桌椅，让空间在视觉上令人感觉统一且简单利落，并在无形中让小空间较为清爽、放大，装饰的主要功能则由干燥花担纲。

1

2

3

1 二楼空间
2 随处可见的干燥花才是咖啡馆的主角
3 二楼天花板及三楼地板用H钢架构筑，也方便老板运用挂勾挂花晾晒
4 三楼地板向后退缩，让空气对流，由下往上望也是空间里迷人的一景
5 三楼的人形屋顶设计，让人想起童年对阁楼的幻想
6 三楼花艺教室
7 对照一楼的水泥楼梯，二至三楼的轻钢架楼梯在视觉上显得轻盈

方便晾花是所有设计的开头

人型天花及洗石子突显老宅特色

“其实所有的空间发想都是从怎么晾花最方便而开始的。”济章表示。因为一开始是以花艺教室为主要规划方向，因此整个空间的设计主要为方便老板展示及挂置花朵以方便干燥，于是可以窥见许多铁杆、铁件楼梯、挂勾等设计。然后将一楼的门改为铁件玻璃拉门、更换二楼及三楼的玻璃窗等，是为让采光及通风顺畅。

空间只有小小的40平方米（一楼10平方米，二楼20平方米，三楼10平方米），在预算有限的情况下，保留原本建筑结构及洗石子楼梯，并在二楼挑高空间至三楼原本密闭式的阁楼改H钢构，以加强结构，同时楼地板从窗边往后退缩50厘米左右，让二楼靠窗的天花板能挑高至人型屋顶，使三楼变成半开放空间，一来可以让室内采光更为明亮，二来更能加强室内对流通风，使自然花束在不靠太多人工吹拂下，快速风干成她想要的干燥花颜色及姿态。

用老木头及老件强化空间氛围

镂空铁梯的开放感

“原本二楼通往三楼的垂直木头楼梯被我拆掉改为镂空铁梯，木楼梯被我拿来当二楼的花架。”济章解释说。而且空间里除了吧台是特别订制以外，三楼花艺教室的桌子是购买宜家桌脚搭配从木料自行裁切的板材桌面，以方便移动或收纳，灵活运用空间。

因为喜欢台湾老家具，其他的家具全都是由老板济章从二手家具或跳蚤市场搜集而来的，每一件都有背景故事，深深地刻在老板的脑海里。像是二楼的铁件裁缝车脚椅，是从很远的台中运送上来的老件。而收在茶几下方的打字机则是她在逛福和桥下的跳蚤市场时，跟地摊老板博感情收购来的。另外还有一楼的老式收款机、厕所门口的桧木碗柜，以及二楼的竹藤椅，是从路边垃圾堆里抢救回来的。

1、2 花疫室的每把椅子都是老板自己通过各种渠道收集来的老椅子，没有完全一样的

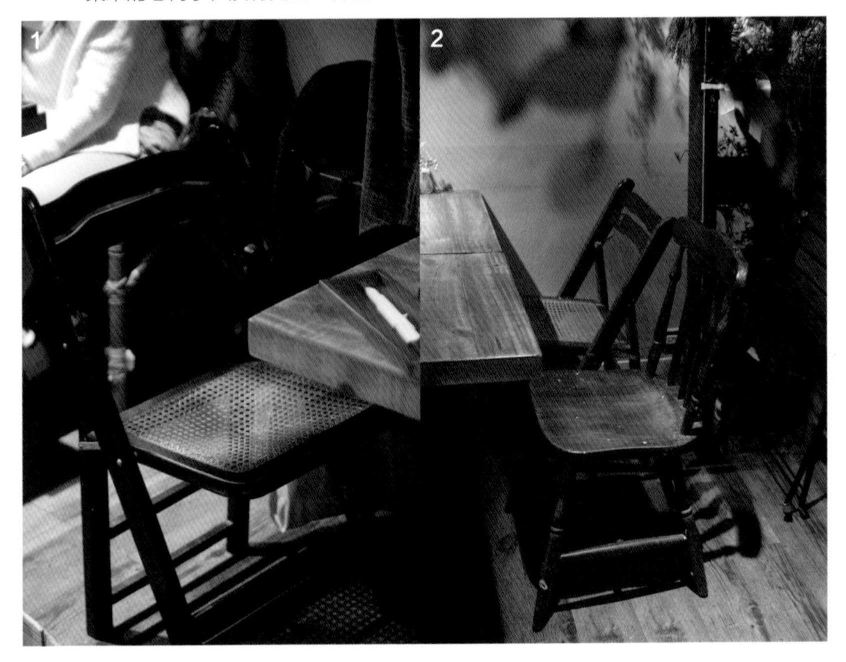

3 这个“K Chair”的沙发是因为要配合右下角的咖啡色格子单椅才买来搭成一组

4 水瓶、水杯放置区也被精心布置

5 厕所没有变动，保留白色瓷砖呈现复古风格，只有洗手槽上的镜子被老板用绿色盆栽设计得更显特色

6 空间里吊满了花束，连轨道灯架也不放过

7 这是欧洲著名画家绘制的植物图鉴明信片，是老板花高价买来的

8 保留原始的洗石子楼梯，流露老房子的风格味道

9 这就是原本二楼通往三楼的垂直木梯，现在被拿来做花的展示架

经营特色 *Characteristic* ×4

POINT 1 专业花艺课程交流吸引客人回流

“刚开始这里的客人有八成都是来上课的学员介绍的。”济章说。而三楼空间便是花艺教室，除非学员，其他人不能上来。通过定期举办花艺课程，让学员在此交流，这里的老师连同老板都是考试后拿到证照的专业花艺师，而且超有耐心。

POINT 2 提供漂亮花环及花束让客人拍照

很多客人一坐定后，会主动走至墙边拿起花环或椅子上的干燥花束拍照，而这也是经营特色之一！原本这些花只是用来装饰的，却没想到客人喜欢拿起来戴并拍照上传“脸书”，形成无心插柳柳成阴的效果，于是店主只好另外采购比较坚韧的塑料花环，搭配一些当季特色干燥花束，提供给客人拍照使用。

POINT 3

年轻人的创意菜单

菜单上的“不一定果汁” 指的是当季的水果汁，“喝了就想睡”指的是洋甘菊，“70 年代贵妇”指的是玫瑰花茶，“亚马孙河划船”指的是柠檬草迷迭香等，每个名字都充满年轻人的创意。除此之外，店主比较推荐硬汉拿铁，搭配香蕉黑糖奶酪或烤布蕾都是不错的选择。“我们还有隐藏版炒泡面，懂得人才会点。”济章笑着说。

POINT 4

透过与老物件接触带来亲切感

一般咖啡馆虽然摆放很多老物件却不能让人触摸或使用，花疫室却没有这项规矩，老板认为透过与老物件实质的近距离接触才能感受到台湾地区 20 世纪五六十年代浓浓的风土民情。

布置诀窍

POINT 1

挂吊花卉形塑柔和视觉感

整个空间以花卉为主题，尤其是干燥花束。老板表示倒挂花束并没有什么诀窍，挂上去就好了。但仔细观察仍有可以发现的一些方式，例如长梗花束挂成一列较为美观，圆形花束则可以沿墙面或桌面，形成一个端景。

POINT 2

善用投射光及局部照明源营造气氛

虽然空间小，并大量引用自然光源，但为使空间感觉明亮，同时控制室内温度，花疫室运用不少轨道灯架及投射灯设计，让墙面透过灯光及花影投射形成有趣的气氛。除此之外还在每张桌子或角落再利用她收集的复古桌灯做局部照明强调，让空间看起来有层次变化。

POINT 3

手绘插画及手写或打字机打出的句子，呈现手感风格

老板喜欢手写及手绘作品所传递的人情温度，因此整个空间虽然以灰色系营造，但是在墙上贴上朋友的手绘插画，或是自己用打字机打出的文句，让店里呈现浓浓的文青风格。

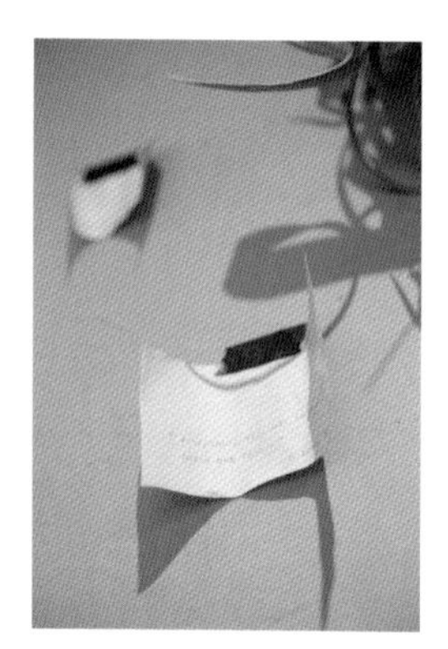

POINT 4

随意展示老物件，营造复古风

二手打字机在花疫室有两台，都是老板从福和桥下搜购来的，一台放在一楼当花卉摆设，另一台放在二楼空间里，让客人使用。而且老板还会不时用通过这台古老打字机打出来的文字贴在墙上当装饰，让空间增添一点文青氛围。“放在这里展示是要让大家感受它的美好，但使用时还是要小心啊！毕竟它已经年纪不小了！”济章强调说。除此之外，这里有很多老板自己在路边捡到或搜集的老物件，例如，阿妈的裁缝车、各式藤椅或台湾地区 20 世纪五六十年代的老椅子、木茶几、老式桌灯等。

（灯光）+（动线）示意图

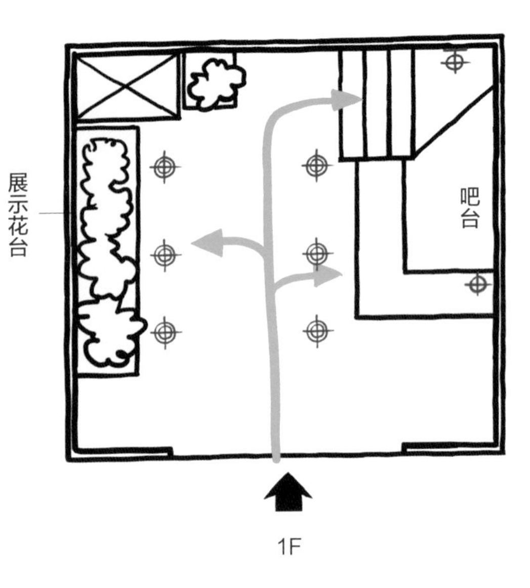

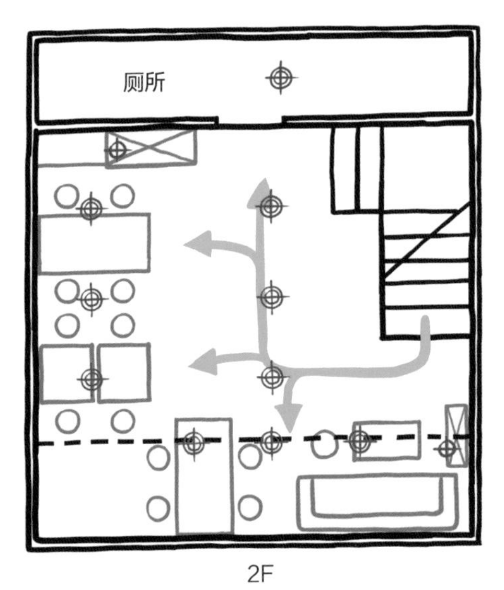

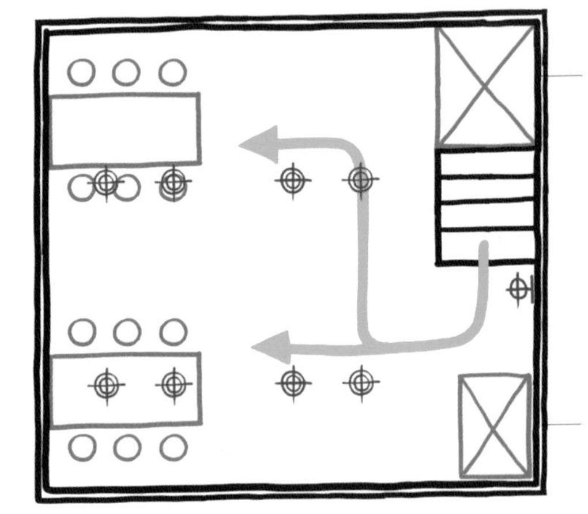

Light & Line Schematic Diagram

超小面积的三层楼基地

没有隔间的极致小空间

因为 40 平方米又分为三层楼，每层空间很小，桌椅与收纳空间都只能靠墙设置，中间空出的直线通道即为各层动线。

照明之余，照顾墙面表情

花疫室从一楼到三楼的主灯原则上都以轨道灯为主。一、二楼轨道灯挂三个灯泡，其中两盏用来照明桌子跟走廊，剩下一盏则打在墙壁上，以增加墙面与花材所表现出的表情；三楼轨道灯挂四个灯泡，其中两个打在墙壁上。另外还零星设置了用来增加灯光层次与装饰性的壁灯与活动复古桌灯等。

汇聚各种喜好直觉而诞生的社区咖啡馆

公鸡

- 0982-081-464
- 台北市大同区南京西路25巷20-5号
- 周二至周日08:00-21:00，周一公休
- 饮品、轻食、场地租借、杂货贩售

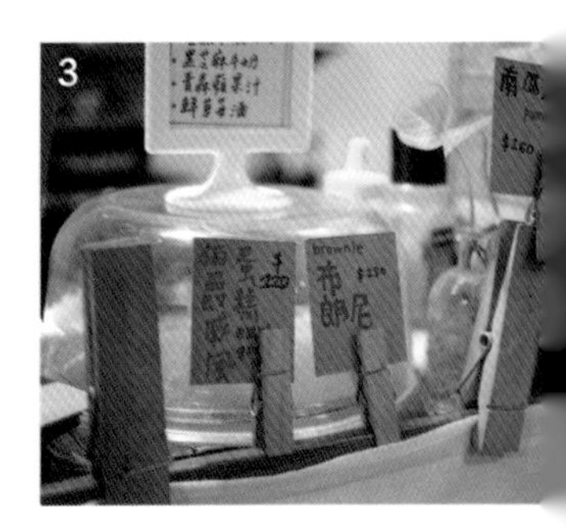

面　　积：33平方米
店　　龄：3年
店员人数：5名（不包含实习生）
装修花费：不详（渐进式装修，没有详细统计）
设 计 师：老板

咖啡店中少见的瓷砖桌面与瓷砖地板
印在对外玻璃上的“公鸡”标志
随性以木夹子夹起的甜点菜单

装修规划 *Plan* 两个月工期，一步一个脚印自己做

“我家刚好住在附近，那天看到这里招租，大门正对着公园，让人感觉很舒服，我想还是做自己喜欢的事才有办法做长久，于是就决定在这里开店。”不想随波逐流的老板没有经过市场调查，便在地铁双连站一号出口旁安顿下来。

老板表示，“因为面积不是很大，所以觉得自己做得来。”预算倒是其次，只是相信自己的直觉，一切撸起袖子自己干，从零打造这个20世纪三四十年代的老车库。自己铺地砖、监工，请木工、水电师傅一起沟通一起工作。装修期整整有两个月，一点一滴用自己喜欢的元素与来自脑海的灵感，拼凑成公鸡咖啡现在的样貌。

营运历程 *Progress* 做一个请人来喝咖啡的“家”

老板希望店名对大家来讲容易记住，加上有供应早餐的服务，希望带给大家一早就很有精神活力的感觉，所以给这里取名为“公鸡”。原本从事古董饰品设计的老板，由于对自己动手做甜点与轻食非常有兴趣，于是选择配合咖啡香，要做“简单一点”的“像家的咖啡馆”，不考虑流行或是吸引人的元素，餐点也朝“天然食材”“少油少盐”等养生方向去规划。

会不会因此缩小了客户群？老板耸耸肩，这似乎不在她的考量范围内，她也大方分享，别以为这家店只会吸引文艺少女来访，尽管装修与整体风格不是时下流行的，但四五十岁的常客也不少，更不乏寒暑假时来店里坐坐的学生群体。

日式杂货风格的开场白

光线、绿意与木头交织的惊喜

自双连地铁站一号出口靠左往回走，沿着地铁沿线的绿化公园，走3–5分钟就可以看到木格窗门面的“Rooster café & vintage”，以及玻璃窗上的公鸡。一阶木制平台上惬意地摆放着一桌二椅，门前还停着单车，看起来像是在卖日式杂货的店家，若不是两侧皆可打开的大门飘出咖啡香气，一时还没意会过来这里是一间咖啡店。

以木头与清玻璃制成的大片窗门，与户外的公园绿意全无隔阂，持续与外界的阳光、风、街道的声音保持联系，让小而方正的空间格局突破闭锁的狭隘，成为半开放式、可自在移动或停留的场所。左边有两扇拉门，右边有一扇推门，除了让动线更自由，也因应天气作变化，天气好时两边的门都打开，迎接最舒适的自然气流，遇到寒流或是开空调时，再统一由推门进出。

在门外悬挂灯泡主要是因为公鸡咖啡目前并没有做醒目的招牌，入夜之后灯源也不够强烈，所以以灯泡加强温馨感，同时吸引过路者目光。

1 原木风格的店面，傍晚打开装饰灯后更显温馨可爱
2 可爱的小鹿伞架

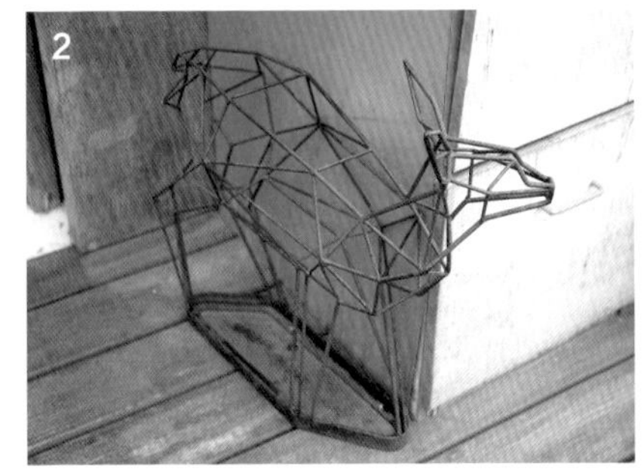

3 户外区的桌上放着推荐菜单
4 户外桌椅既可用来悠闲用餐，也可作为外带的等候区。脚踏车不是装饰品，是老板每天去市场采买食材用的交通工具

白色印象

复古瓷砖是店内抢眼的元素

不论从哪一扇门入内，第一眼都会看到虽位居店内最里侧，却相当引人注目的吧台。一整排明亮的吊灯强调出它的重要性，而很少在吧台出现的怀旧氛围白色瓷砖，与平实的木头以近似的比例，打造出不同于现在流行的工业风的特色吧台。

老板刻意保持空间的留白色调，让店内除了复古感之外，更多了一股清爽与独特，尤其地板上经典的旧氛围黑白瓷砖，更是公鸡店内令人感觉摩登可爱的主视觉之一。

5 白色瓷砖吧台面
6 设计偏高的吧台让工作区与客人保持距离，互不干扰

不成对灯具

鲜艳大胆的用色聚焦在小物上

在店内一片白色印象之中，暖黄色的灯光，为公鸡营造出温暖的感觉。各种灯具造型都是当时看中就买了，没有刻意挑选成对的去搭配。虽然店内的硬件感觉留白过多，但是布置小物以及展示柜体倒是采用了鲜艳且琳琅满目的颜色与造型，为空间点缀出热闹且活泼的氛围，在摆设安排上，尽量都将杂货集中摆放于座位区旁的水蓝色柜子上。

1 经典的搭配延续自先前的古董饰品店风格
2 简单整理的天花板与壁面，C 形钢也只是刷白而已，与梁柱、管线安静地融入空间
3 吧台区整齐排列的灯具，以两种款式交替吊挂
4 从店门左侧望进去的店内一角

5 热闹缤纷的各式装饰小物
6 店内的打卡明星

座位区的多元选择

让搜集来的物件各自归位

迁就于面积与动线，老板大概只设计了 15 个位子，不过沙发、单椅、吧台区、户外座位任君挑选，待客之道诚意十足。

不同款式的老式古董桌椅，或是老板到二手商店及别人家中收购得来的，或是可遇不可求的老式饭店出清的家具。高度较低的咖啡桌是从家后面捡回来的，如同上帝的礼物一般，大小跟样式都让老板非常喜爱，直夸奖它拥有“朴实的弧度”。从大学时期开始累积的老物件，也终于有了展示的机会，适合的物品在店里各自归位，需要的灯具、餐盘，只要在自己家中的收藏里翻上几遍，放在这家店里，风格就自然形成了。

有时看到别人丢弃的老家具，老板也会喜滋滋地捡回来重新整理、维修，简单的自己来，毁损过于严重的就请木工师傅帮忙。

1 沙发、单椅、吧台区……小面积的困扰就是常常一座难求
2 吧台区的木制椅子
3 沙发破了就破了，保留自然风化的痕迹，只要不影响安全就不做修补，这或许就是公鸡咖啡最美的风格

小地方的细节也要留心

从器具到菜单都照顾到

细节不像咖啡好不好喝、装修吸不吸引人一般直接影响营运，但客人是会从小地方感受到主人的用心的，试想在愉快环境中不断发掘的小确幸，绝对会让客人对整间店面的印象加分，反之，也可能因为一些小缺点而扣分；除此之外，不管是器皿、菜单或者客人不见得能够察觉的小细节，往往也都反映了咖啡店主人想要使整间店面面俱到的一种坚持。

4 手作菜单
5 复古雕花托盘

经营特色 *Characteristic* ×4

POINT 1

藏宝阁：尘封的古董饰品柜

之前经营古董饰品店的老板，也将部分自己的作品放在入门右前方的玻璃柜中待价而沽，其中从国外带回来的老手表，或是用配件加工制作成的手链、胸针等。自从专心经营公鸡咖啡后，老板一身饰品设计的手艺算是先搁下了，但还是有不少以前饰品店的客人回来选购。

POINT 2

公鸡咖啡的客户定制拿铁

说到推荐品种，绝对不能遗漏了这款“公鸡咖啡”，客户可以自由调整浓缩咖啡与牛奶的比例，这种定制的感觉让人再三回味。老板表示店里面的豆子烘焙度适宜，用来做拿铁非常适合，牛奶也是精心挑选的，很滑顺，两相搭配就是幸福的滋味。

POINT 3

少油少盐餐点新鲜至上

老板不以有机认证为标榜，而是以自己的饮食习惯为主，认为食材新鲜才重要，因此宁愿每天骑单车去采买，依据时令限量供应餐点。

POINT 4

心灵的角落——书柜

老板在公鸡咖啡的书柜里的书都是自己的收藏，买的绝大多数是自己喜欢的料理书，抱持分享的心情，老板也非常欢迎大家翻阅，只是要当做自己的书一样珍惜才好！

布置诀窍

POINT 1

镜子使空间更宽敞

公鸡咖啡店内右手边的大片镜子的反射，延伸了店内狭窄的空间，是使店内感觉宽敞的放大魔法。独具风格的镜框，其实是将别人所送的宗教画取框改造成镜子，结果变成镜框后毫不违合，还创造出独一无二的风格单品。

POINT 2

鲜艳的小物件与沉稳复古的冲突式混搭

进门左手边的蓝色柜子，前身是老诊所的病历柜，在上面装饰满可爱鲜艳的玩具与小物件。在一片明亮但复古的空间色调中，鲜艳小物常常扮演着让空间活泼起来的关键角色，而且冲突的混搭感在年轻族群中特别受欢迎。

Light & Line Schematic Diagram

POINT 3

量身打造的公鸡

选择了“公鸡”这个雄赳赳气昂昂的店名后，老板特别请朋友帮忙画了一幅公鸡走在咖啡馆地板上的画，并且裱框留念，因为这既是店铺意象的具体呈现，也是目前公鸡咖啡名片的图案，能给访者留下深刻印象。

POINT 4

旅行的“战利品”也是好布置

老板会将过往出国旅行带回的小东西随处摆放，像是这个被拿来种仙人掌的茶餐厅老杯盘，就是因跟香港茶餐厅的人聊得投缘，对方送给老板的小礼物。这类承载着愉快旅行与时代记忆的纪念品，往往都有一段可以配着咖啡讲述的好故事。

（灯光）+（动线）示意图

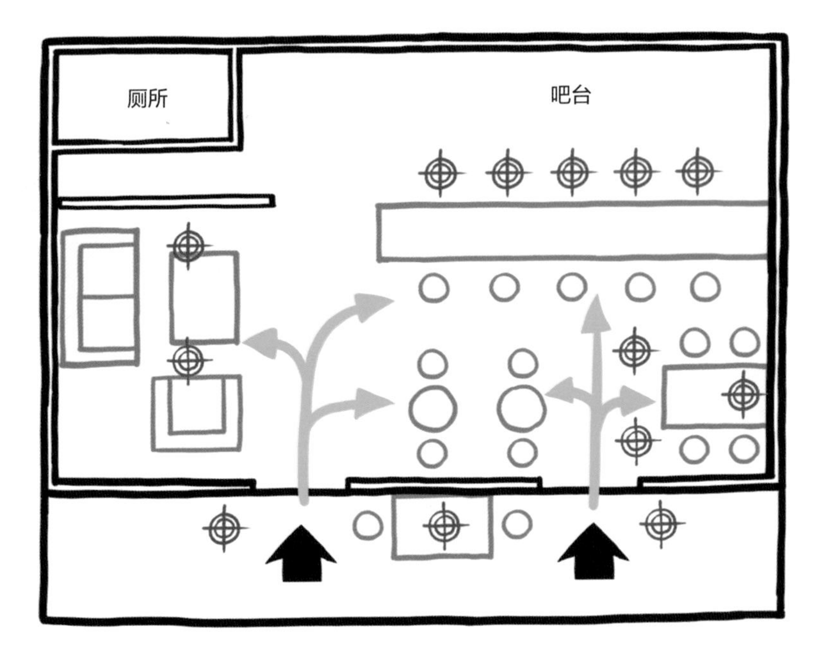

Light & Line Schematic Diagram

面宽大的横幅基地

采用双大门双动线

采用双大门双动线的设计，无论坐在哪个位子，离进出口的距离都不远。在两个大门都敞开的情况下，客人大多使用门面较宽的推拉门进出，行进至吧台点餐的动线也较顺畅。

灯光设置单纯

店内灯光设置单纯，除了吧台区一横排外，两侧座位区也各有一排灯光配置，一样是依需要亮度处配置。

学区魅力散发最高人气值

玩味

📞 02-2736-1000
🏠 台北市和平东路二段118巷38-1号
🕒 周一至周日08:00-21:00，无公休
▦ 饮品、轻食、场地租借、咖啡豆、器材贩售

面　　积：50平方米
店　　龄：半年
店员人数：2名（不包含实习生）
装修花费：人民币9万（不包含设备和家具）
设 计 师：老板

装修规划 *Plan*

老板负责设计，工班负责执行

本来想请设计师协助，但由于报价偏高，老板决定自己规划吧台、展示柜及桌椅，画设计图给工班，请工班将旧的隔间拆掉重塑，并借助他们的经验，可以自己做的部分尽量自己动手做，就这样擘画着自己心目中的“工业时代”，让梦想中的咖啡馆渐渐具体。

老板想要呈现20世纪50年代工业起飞的辉煌时代，从当初触动他灵魂的一盏旧油灯、一台老古董电扇开始，展开了自己对旧物件的追寻，只是这类的收藏可遇不可求，很讲究缘分。趁着玩味咖啡开店，老板压箱底的宝贝也全数出笼，成为镇店之宝。

营运历程 *Progress*

二十年磨一剑，遥想辉煌的工业时代

凭着对咖啡的热爱，即使作为上班族，过去二十年来老板晚上还是会到咖啡馆兼职，直到半年前，才决定出来与朋友携手开一家属于自己的咖啡店。因为店址座落在一条单行道上，而“单行道”译成英文（oneway）后又符合咖啡就是值得“玩味”的本质，故以此名之。老板还补充道，其实创业这条路本身就是单行道，如同对梦想的执着，就是一路向前不回头！

只是为了找地点，就找了足足两年！不是巷弄偏僻没有人流就是租金太高，担心租金压力太大容易熬不过前面短则一年长则两三年的磨合期。最后选定的和平东路二段118巷是餐饮业的一级战场，加上附近有台湾大学及教育大学的学生人潮，居住、办公合一的生活圈也很适合开展餐饮业务，老板就决定在此落脚。

1 大胆的黄色墙壁与黄色灯泡互相辉映，让店内感觉温馨
2 入大门右侧的闲适一角
3 旧时代潜水员安全头盔，充满复古风情

三角窗放大术

横纹木质与连绵窗景的视觉游戏

位居 118 巷中间位置，玩味咖啡醒目地伫立于巷弄转角，完全以木质包覆的外观配上灯光的照明，入夜之后让人舍不得移开目光。玻璃窗框上的残雪逗趣设计营造出异国感，而带着乡村风甜美调性的推拉白色木门与木窗，是老板因喜欢木窗而执意要完成的设计，搭配上三角窗的放大效果，很难想象这是家仅 50 平方米的迷你咖啡馆。

1 木质包覆的外观，在 118 巷中自成天地

2 一旁加工过的路牌既是店名，也是象征着美食的单行道

木窗 + 自然光源 + 暖黄壁面

打造最暖工业风

进入店内，大片暖洋洋的黄色映入眼帘，迷人的自然光源穿过大片玻璃窗洒进室内，烘托复古的收藏品进入宁静祥和的梦幻氛围。斜角造型的点餐区刚好能让一个人舒适并且有余地地站着点餐，右侧墙面摆满写有各种咖啡豆介绍的储存罐，可供访客随时购买，左侧走道旁则设置了高脚椅吧台，高度合理，让人坐着用餐时不会过度频繁地与工作人员视线相对，是个谈天的同时也能保有个人隐私的安静位子。

店面为狭长形的基址，老板将空间一分为二，吧台工作区设于靠近门口前段的地方，方便提供外带服务，并在吧台旁设高脚桌椅以增加座位数量；后段则是内部使用区，并在前后段中保留另一扇门以供运用，一方面是考虑到玻璃窗配上门整体感觉更为完整，一方面若前半段人多拥挤，吧台旁的走道变窄时，在后半段的客人可以使用第二扇门进出，让动线更有弹性。

3 从门口向内的作业流程直线通道
4 以老板的备餐作业流程为准，诸多餐饮器材各自归位，吧台内宽度预留 75 厘米，可供两人侧身而过

1 斜角的点餐区，比起圆角在施工方面更方便，同时也能控制预算
2 运转正常的船笛与旧式电扇
3 最靠外侧的咖啡豆陈列区与景观布置
4 展示架本身也是区分里外两区的分界线
5 由老板手工打造的精巧活动式菜单

铁皮屋里的美观与温度大作战

伪装术：倾斜天花板的视觉平整与空间放大

因担心牺牲空间高度，老板原本不想要做天花板，但在工班师傅的强烈建议下，最后还是做了。师傅表示若担心影响空间高度，可在不影响管线的状态下压缩天花板的厚度，毕竟铁皮屋、瓦楞板的屋顶没有遮掩时是很丑的，效果与水泥喷黑裸露的工业风格大不相同。

老板很庆幸他最后听了师傅的建议："好在有做天花板隔热，不然肯定会热死！"当初选址的时间是冬天，并没有预期会遇到夏天的烦恼，加上玩味咖啡上方没有遮荫的二楼，阳光直射进来是件麻烦事。因此除了美观，隔热更是留住来玩味享受咖啡的人的关键。

由于希望将天花板尽量做高以争取空间，装修师傅依照屋顶原型做出倾斜的天花板，老板还在后段堂食区，以手动方式调整灯具的高低，刻意让灯具的光源高度修齐，天花板的感觉逐渐趋于平整；前段走廊看似有收纳功能的线板柜体，其实只是包覆壁面的装饰，却无形中带给人以收纳空间的错觉，从观感角度扩大了整体空间。

6 天花板除了美观，还有隔热的实用效果。不同于前段吧台区吊挂略显层次的麻绳灯具，后段用餐区灯具悬吊原则改以平整为主

7 装饰用的白色线板门

照明设计一次满足

自然光×装饰光×间接光

在天花板工班师傅的专业建议下，全店安装了柔和且均匀的间接光源。除此之外，为了营造舒适的气氛，其余灯具的设计朝明亮偏暗的休闲风格去设计，只在吧台加强照明以方便工作，平日自有户外的自然光源透窗而入，当有计算机使用者或读书的客人反映阅读吃力时，则以平时是装饰的移动式灯具补足光源需求。

1 明亮而略偏暗的休闲氛围，方便促进情感交流，若需使用计算机或阅读则依情况酌补光源

2 造型独特的工业风灯具

无靠背椅追求容客率

小空间更要斤斤计较尺寸

为追求容客率，老板也直言不讳地表示店内的座位设置的确较为拥挤，对学生而言十分熟悉的研究室小圆椅，虽然对上了年纪的客户相对不够友善，但店里的空间实在无法容纳有靠背的椅子，权衡之下只能有所取舍。

在有限空间如何安排桌椅的大小也是门学问，老板认为桌面虽然以小为原则，但也不能因太小导致不敷使用，最起码要有可以放下两个餐盘，或是一台笔记本电脑加上一杯饮料的宽度。

店内前半段为争取更多座位数而设置的吧台区，因为要顾虑座位后方走道的宽度，不能因太窄而影响动线流畅，因此选择了比较能够贴近吧台的高脚椅；店内后段靠墙的长排木桌桌面，老板估算后认为最起码要 30 厘米才能完整放入一般尺寸的笔记本电脑，但施工的师傅在考量之后，建议留 25 厘米就好，为这 5 厘米双方曾有过一番拉锯。但千算万算，没算到因为高度太刚好，有些客人靠着聊天时就下意识地坐到桌面上……后来老板又以木条加强局部支撑，也提醒客人别把木桌给坐垮了。

3 吧台区搭配高脚椅，有效空出走道
4 出于安全考量，老板加强了后段桌面结构力的支撑

经营特色 *Characteristic* ×3

POINT 1

人气值最高，点这个准没错

在玩味咖啡里，最受学生好评的咖啡、公认人气值最高的就是拿铁，精致之余，老板特意加了拉花，将近 400 毫升只要人民币 13 元，保准提神又满足；对上班族而言，最受好评的是美式咖啡与拿铁咖啡，老板也真诚推荐手冲的椰加雪菲，这款回甘较明显的单品咖啡较为中性顺口，也是这几年来的热门选项。

POINT 2

下午茶万岁！茶饮与轻食的美好诱惑

虽然强项在咖啡，但由于靠近台大与教育大学，为了满足学生群体用餐和下午茶的需求，玩味咖啡也推出茶饮、三明治、松饼，价格实惠、用料实在，很有吸引力！店内还提供老板累积多年经验的创意特调，像是摩卡冰沙，以及季节限定的水果类饮料、冰沙等。

POINT 3

随时变换的装饰

老板一时兴起也会随着季节更迭转换店中的装饰，像是入冬时以纸片在窗棂上做出雪景，带给客人不同的感受，只要有足够的时间酝酿创意，或是兴之所至，不管再忙再累，老板也会全力以赴，因此源源不绝的新创意除了展现在餐点上，也反映在装修环境中。

布置诀窍

POINT 1

宣传墙

像家一样温馨的地方，布置当然也可以不用“正襟危坐”，在墙上随意贴上老板搜集的各国明信片与宣传内容，就已是一道漂亮又有特色的风景。

POINT 2

同类商品不同造型的趣味

想要复刻古朴的年代记忆，可利用像是船笛、船锚、潜水盔等旧物件，带着旅行、航海、放眼世界的“启程意象”。另外仿油灯、打字机、麦克风、摄影机、电话、电风扇等亦同，均可透过不同造型的同类商品聚集摆放，表现出收藏品展示的趣味。

Light & Line Schematic Diagram

POINT 3

收纳也是展示的一部分

开放式层架本身就是展示的舞台，而咖啡店的灵魂产品——咖啡豆，顺理成章成为主角，漂亮的咖啡豆罐上有老板仔细写下的不同咖啡豆的履历、产地、特色、口感……深入浅出地将咖啡馆的“灵魂”介绍给访客，除展现专业度外，也能让访客有更多线索与命定的咖啡豆相遇。

POINT 4

红酒木箱——比私人定制木箱更有味道的选择

不管是木作还是系统柜，都所费不赀，是否有更经济实惠的选择？在预算有限的情况下，老板偶然间找到红酒木箱作为储物柜，牢固的木箱上烙着来自各庄园的戳记，整齐有序之外也富含时光的底蕴。

（灯光）+（动线）示意图

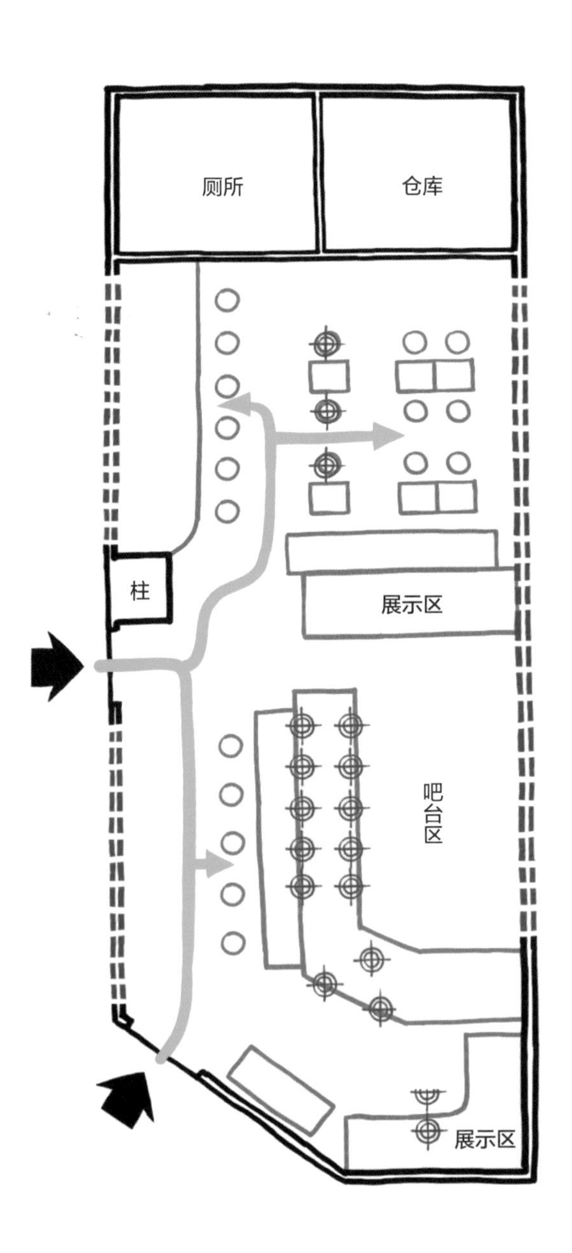

Light & Line Schematic Diagram

顺应三角窗，长形基地分前后两区

以不可动立柱为中心点思考动线

玩味顺应长形基址，以中段的柱与层架为中心，将店内分为前后两大区块，为此小空间创造出分区的趣味，外侧座位明亮开阔，而里侧座位适合想要深入聊天或者安静使用电脑和看书的消费者。

小店少见的全店间接照明

全店既有平均照明的间接灯光，又有重点式加强的独立灯具，这让玩味咖啡整体的灯光层次相当丰富，尤其在鲜黄墙色的映照下，整间店呈现出相当温暖的氛围。

以市中心的上班族为客户群的目标

Digout

📞 02-2703-5775
🏠 台北市信义路四段307号
🕒 周一至周五08:00-18:00（Coffee）、19:30-03:30（Bar），周六至周日12:00-18:00（Coffee）、19:30-03:30（Bar）
▦ 饮品、轻食、场地租借、咖啡豆贩售

面　　积： 46平方米
店　　龄： 2年
店员人数： 5名（不含实习生）
装修花费： 人民币33万
设 计 师： 老板

3

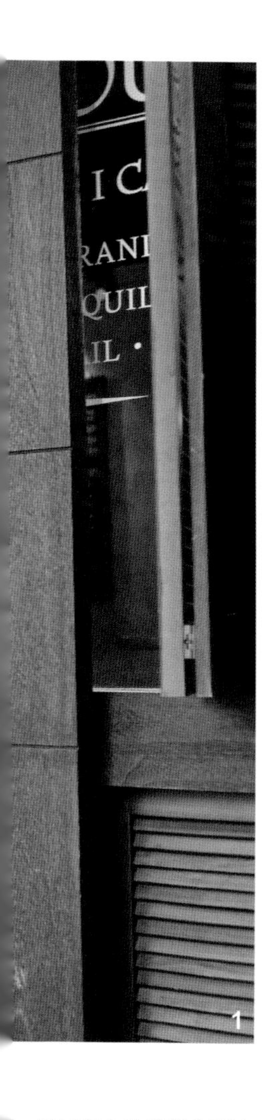

装修规划 Plan
白天是咖啡店，晚上是酒吧

“咖啡店跟酒吧的专业的确不同，但两者与人互动的核心想法都一样。”进入工作转换期，决定自行创业的老板，想要创造一个适合与人交流的空间，决定开一间白天是咖啡店而晚上是酒吧的营业场所。刚好咖啡店、酒吧的使用器具有部分重叠，店里的布置调性也可以安排一致，并没有太多复杂感。

在风格设定时，老板并不刻意设限，瞬间的灵感常常没有蓝本参考，只能说是“生活经验的累积”。“如果让专业设计师来执行的话能避开许多装修的错误吧！”老板也不讳言提到，如果请设计师来施工，质量应该会更好，无奈预算有限，只好请设计师来做管路配置一类的施工图，其他如空间区分、尺寸、施工与材质选择、家具挑选等全靠自己做功课，再寻找适合的施工队在施工时提供意见。

营运历程 Progress
瞄准熙熙攘攘的上班族

Digout 顾名思义，就是“挖掘、挖空”的意思，店主开店原意，就是希望客人来这里喝点小酒，边喝边聊，离开时完全释放生活压力。

在店址选择上，站在咖啡店的角度来看，承租时店门口的人行道刚整修完毕，看起来非常美丽，“想到客人经过的路如此舒适，离开的路线也会让人顺心，就觉得这是个好的地点！”站在酒吧的角度来看，店址务必座落于市中心，也是瞄准熙熙攘攘的上班族作为主要客户群体，所以一开始就只注意大安区及信义区的店面；站在个人的角度来看，这里离家很近，租金也能负担，于是便拍版定案。

1 以长条木片贴整的厚实推拉木门，在线条变化上更显结实，也强调木纹与色泽的脉络
2 显眼的圆形招牌
3 夜晚酒吧模式氛围

如同内敛高雅的人士

藏不住的质感让人舍不得挪开眼睛

坐落在信义路上的 Digout 使用了大量深沉的木色使得门面稳重而低调，然而其厚实的原木质感以及点缀式的金色元素，又很难让人忽视它的华丽高雅，有些不同于时下咖啡店的精品印象，让人不禁停下脚步观望其中究竟，是餐厅、咖啡店还是酒吧？

虽然门面包覆感重，但是从大片半腰清玻璃窗与浑厚的木百叶窗中，隐约透出的店内偏暗但充满气氛的光源，更让 Digout 充满神秘的氛围。“喝咖啡需要明亮的光线，但喝酒的人需要隐私。”因此白天时，木窗可以折叠并置于两侧，让自然光源怡然洒落在吧台与靠门边的沙发区；当夜幕低垂，木窗则将清玻璃半掩，到了晚上 11 点左右，木窗更要全部合上。木百叶不仅仅是装饰，更是空间气氛变化的推手！

1 木质与里面砖头背墙的色调搭配，让空间显得沉稳内敛

2 富有特色的折叠木窗，观赏外也有调节光线的实质效用
3 简单明了的外墙菜单

小空间也能有大设计

意料外的空间放大术

走进 Digout，店内延续了门面的浑厚实木质感，色系上则偏红色，或许是反射自店内大量的红色沙发、高脚椅及装饰玻璃等，感觉上更有质感、迷你且温馨。左侧是吧台，正前方与右侧都是沙发座位区，视觉没有延伸的空间，更感觉到面积的有限性。

然而走近吧台，这片足足有 60 厘米宽、400 厘米长的深色铁刀木却戏剧化地推翻刚刚的局限感，为空间带来大气的视觉感。这一整块实木是老板在社子岛的木材工厂找到的，木头的纹理，舒适并深入人心，承载着人们各式的情绪，成为店中带给大家温暖的主轴。

吧台后方的一大片酒瓶，是咖啡店与酒吧共营才有的趣味风景。厚重的吧台加上琳琅满目的丰富酒类，真的有让人走进国外酒吧的错觉。

1 稳重的吧台
2 宽大的沙发是休憩聊天的好选择。
3 110 厘米高的吧台，对即便是较娇小的女性也是很友善的，她们把手靠在吧台上也会很舒适，坐在吧台上的客人与服务人员的距离则是老板测试过的“最自在舒服”的 100 厘米
4 里侧的沙发区
5 吧台桌面漂亮的木头纹理
6 贴心地在吧台区设计悬挂吊钩

4

5

6

单纯空间的不单纯

木头与细节的堆叠共舞

厚实的木头元素是店内的主要印象，也是 Digout 装修的主要构成，这个想法源于老板对木制物件的喜爱与坚持。

空间的单纯化是 Digout 的另一原则，考量到空间的狭小，决定让空间越干净越好，不给人太多的线索混淆视线的定位。天花板、地板、桌面分别经过上色处理，搭配灯光展现深浅有别，壁面则多以水泥刮上简单的纹路，在光影下线条低调却分明。

单纯的空间其实更需要细节的堆栈，才能烘托出质感，虽然店内的装修建材都并没有追求顶级，但却非常重视“触感”的呈现，像是入口大门的拼贴、壁面的刮纹、木纹的保留与强调、皮革的纹理、彩色雾玻璃的花纹等，都让看似简约的空间意寓深远。再者，Digout 对器皿等小东西的选择也是别出心裁。

1 地板刻画出自然的使用痕迹，有褪旧的美感
2 没有繁复的样式，皆是以利落的直线构成的天花板
3 每一处细节都关注到
4 构筑化妆室的隔屏以木框镶嵌彩色雾玻璃，鲜艳的色系为室内带来摩登感

5 刮出纹路的墙面
6 厕所的墙面也经过精心设计
7 刻意做出的造型墙，当初只觉得适合，并没有太复杂的想法

强烈明暗对比

店内所有的灯光都可以调整明暗度

在灯光上，Digout 选择以强烈的明暗对比作为特色展现，天花板与地板的部分尽量单纯，呈现深色的木质格调，而墙面则明亮，引导客人的视线往看得到的地方聚焦。作为咖啡与酒的共存场所，灯光就成为转换氛围的重要媒介之一。

在 Digout 里所有的灯光都可以调整明暗度，贩售咖啡时室内灯光的亮度会提高，而为了补强单面采光在空间内部容易偏暗的问题，开业半年后老板在门口加装轨道灯，以轨道灯增加亮度，夜间则关掉门口轨道灯，改开 LED 灯条作为酒瓶瓶标的照明，同时也像是入夜后的点点星光。

1 LED 灯条除了装饰效果，最重要的是照亮酒标
2 去灯具行或古董家具行挑选自己喜欢的灯具即可
3 为避免大灯的压迫感，改装四盏小灯维持照明度与空间宽广度

无关翻桌率，舒适优先

“我们想要营造不管哪个位子都会有让人想要去坐的吸引力。”

当吧台与厕所的位子决定之后，其他的空间就都是座位区，约 21 个座位。老板一开始也没将翻桌率放在心上，只想让大家感觉舒服即可，效仿那种国外很多人都是站着喝东西聊天，有位子可站就行的情况。

吧台区的位子与高脚桌区以高脚椅搭配，另外两块区域则选择能让人充分休息的沙发做主角。“没有看到合适的对椅，加上想让空间更活泼些，所以沙发都不成对。”而高脚椅则为统一款式，在吧台区一字排开，整齐利落。

不管是沙发还是高脚椅，统一选择皮革的材质，另外沙发以钉扣、高脚椅以铆钉点缀细节质感。

4 沙发形式的椅子清一色都是钉扣皮革款式
5 高脚椅皆是一整圈细密的钉扣
6 除了沙发外还有摇椅

经营特色 *Characteristic* ×3

POINT 1

早上是咖啡店晚上是酒吧

刚好老板是调酒专业出身，也懂咖啡，因此才能做不同时段的复合式经营，虽然复杂了一些，但是也抓到了白天与夜晚不同的消费群体，是相当聪明也具有挑战的做法。

从晚间七点半直至深夜，是 Digout 与人交心的另一种模式，没有酒单，点酒全凭与客人的互动来推敲、琢磨，然后作出推荐。

POINT 2

咖啡独特性——清爽口感的浅焙咖啡

在信义路四段想要喝到质量、价格皆具吸引力的咖啡，就肯定要来 Digout 一趟。拿铁与黑咖啡始终是上班族的最爱，而 Digout 的咖啡偏浅焙，酸度较高，比起平常所喝的咖啡的厚重口味，显得清爽不腻、自然回甘。

POINT 3

不同风格的音乐区分日夜

Digout 白天与夜晚有着不同的经营模式，自然也影响了音乐的风格。咖啡时段的 Digout 以舒服、轻快的音乐为主；酒吧时段的 Digout，周一到周四多为爵士或轻摇滚等令人放松的音乐，到了周五、周六，音乐就开始活泼激昂，抚慰客人那苦候多日的放假情绪。

布置诀窍

POINT 1

不同造型的杯具一一陈列出来

不同咖啡店选择杯具的标准不同，有的完全统一，有的则各不相同，无论如何，杯具的展示式收纳都可以达到布置功效。Digout酒区下方有少见且造型各异的金属酒杯，是店内又一精致细节的展现。

POINT 2

与店名强烈联结的重复宣传

干净利落的空间，更需要重复意象的经营以加深视觉印象。Digout 的主要象征——铲子，除了在大门上明显地揭示主题外，也俏皮地在店内柜体或墙面上屡屡现身，有时以灯光强调，有时低调陪衬，偶尔不经意一瞥，总忍不住会心一笑。

Light & Line Schematic Diagram

POINT 3

暗示营业项目的转换仪式

现在进来是喝咖啡还是喝酒？墙面上的摆设透露着端倪。吧台侧边的柱面在白天悬挂的是咖啡与轻食的菜单，晚上七点半一到，则将菜单改为悬挂至厕所旁的墙面，而原来的吧台侧边柱面则换上象征调酒时间的小铲子。日复一日，只是一个小动作，就能让熟客不致混淆，这也是店家与客人间的小默契。

POINT 4

朋友有品位的礼物，是最好的布置

刚开始的装修规划里，墙面除了灯具本该是空无一物的，只为不想让视线太复杂，越纯粹越好。但人缘好的老板，其朋友皆是卧虎藏龙的人物，对美学有独到的见解，送来的画或是照片皆能巧妙融合在店中，彷彿量身打造。老板曾说：挂在店里的东西都有意涵，端看个人的体验感。

（灯光）+（动线）示意图

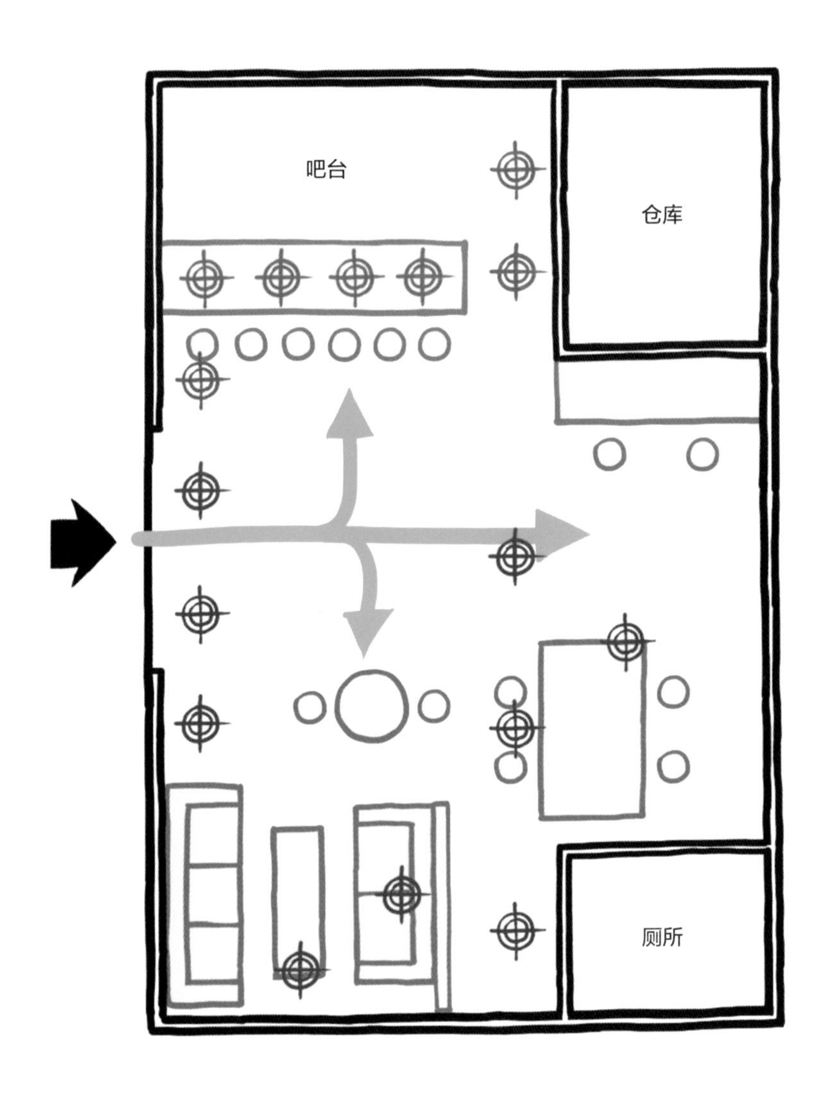

Light & Line Schematic Diagram

方正格局也可区分层次

空间不大，也可以分区

Digout 的动线很单纯，一进门左侧为吧台区，右侧则为座位区，虽然空间不大，座位区还是以隔屏和高脚桌区等，划分成了里外两个区块，展现了层次，里外两区全部配以沙发，以小面积的咖啡店来说，沙发配置的比例算是很高的。晚上酒吧时段人多时，也可以选择站在走道上喝饮品、聊天。

走不明亮气氛路线

整体来说，店内的灯光并不明亮，除了门口和吧台处配置了两排整齐划一的灯具外，座位区的灯光或壁灯或吊灯，灯具的造型和摆放的位置都呈现出多元化，并且，在灯光明暗度上也都各不相同。

啜一口老上海的风华绝代

秘氏珈琲

- 02-8329-1012
- 台北市大安区浦城街4巷30号
- 周二至周日13:00-22:00，周一公休
- 咖啡、花茶、轻食、不定时有威士忌或啤酒

面　　积：60平方米
店　　龄：5年
店员人数：2 名
装修花费：人民币22万（包含第一笔订货钱）
设 计 师：秘氏珈琲合伙人之一林子洋（Lorance）

装修规划 Plan
穿越時光，走进20世纪20年代的老上海

开店之初，三位创办人决定在包装上朝向“有故事的咖啡馆”前进，因此在资金缺乏的情况下，仍想办法将此址前身发廊的老上海风格保留下来，并运用一些设计手法，将空间氛围营造得更为精致且浓郁。

因此空间的改变不大，保留原有墙面颜色及格局，门窗都没有做大改动，只请木工师傅做了一个符合老上海风格，并能结合酒吧及咖啡的复古吧台，然后将发廊移至咖啡吧台对面的一角，再透过子洋的巧思，在家具及家饰、灯具上做配置，像是水晶吊灯、大红色沙发、昏黄灯光、留声机、巴洛克大镜子，让空间呈现越沉越香醇的老上海氛围。

营运历程 Progress
客户群瞄准熙熙攘攘的上班族

“秘氏”音同“密室”，因此英文取为“CHAMBER”，意指在房子中最隐密之处、需要钥匙才能进入的房间。希望来到秘氏咖啡的人们，都能有如获得珍贵钥匙一般，重新发现生命的意义。只要提到秘氏珈琲，“秘密发廊”就必定与它联系在一起，因为秘氏创办人之一——林子洋，在大约五年前，伙同对咖啡有研究的阿俊及对文字营销敏感的华华这两位志同道合的朋友，一起商量、规划并开办了一家结合发廊及咖啡馆的店。

创业之时，为吸引客人上门，会不定期举办一些活动，如旗袍派对、读书会、咖啡豆分享会等，一直到现在仍有，但范围更广，形式更多元化，偶尔还会变身为包场的结婚场地。

1 转角处的大黑板直接揭示本店营业项目为咖啡
2 门口用黑色丝稠布上绣着“秘氏珈琲”
3 秘氏珈琲的共同创办人之一兼店长阿俊，专注泡咖啡的模样在某角度好像日本明星木村拓栽
4 日晒巴拿马罗莉塔单品手冲咖啡，配上酒香布蕾，真是绝配

被时间遗忘的角落

充满神秘吸引力的外观

接近位于巷弄转弯角的秘氏，最先映入眼帘的是转角墙面上的大黑板，以及整排高挂的红灯笼，搭配充满历史感的灰白水泥墙，以及呈现自然陈旧风味的木门与窗架，彷佛只有这个角落被时间优雅地遗忘了。

不同于一般咖啡店的招牌处理，秘氏以黑色丝稠布绣上“秘氏珈琲”，再以充满细节雕饰的挂架垂吊着，和这一片历史感氛围自然融合，并有画龙点睛之效。另外，窗框花纹等也以骄傲的姿态展现出货真价实的历史感，而非复古感。

相对于上方垂挂的灯笼、招牌等，下方绿色植栽及纯白铁椅，也恰到好处地以清新的色彩点缀，烘托着这整片历史风景。

1 复古门面
2 白色中式窗棂也是旧的，搭配风调雨顺的大红灯笼，流露出浓浓的中式风格
3 秘氏用了许多复古灯饰营造氛围，如黑板上的电线杆灯
4 门口的海报灯
5 秘氏的座位是依窗及墙面安排，靠窗的地方为情侣区，依墙的空间是思考席

走进电影《花样年华》场景的咖啡馆

座位分区命名的浪漫

转开在老旧门上的铜制圆把手，推门就能进入一个恍如王家卫导演拍的电影《花样年华》的场景中，如蒙太奇般地切换着现实与过去年代的穿越感。“我就是喜欢这种民国初期的老上海空间氛围。”外表看起来十分年轻的子洋说。

由于空间不大，所以子洋把所有桌椅都靠着窗、墙和柜台来安排，还一一取名，像是唯一面墙的空间思考席、一进门靠窗的窗边创作席、如家里客厅的红色沙发区、坐落在窗格栅的情侣区、可与咖啡师谈天说地的吧台区，并把动线集中在一条线上，同时将最大腹地留置在入口与沙发区之间，形成一表演场所，方便任何活动的举行。但是从开业至今，只有在举办一些特殊活动，如用投影观看中日职棒大赛，或举办日式茶会时移动沙发铺设榻榻米外，五年来座椅及桌子配置并没有改变过。

1 位于空间最里侧的吧台区
2 当门关起，从里面往外看，似乎在观看另一个世界
3 吸引不少新人穿婚纱来拍照的维多利亚沙发区

老上海奢华感吧台

充满戏剧感的空间主角

吧台设计十分有 20 世纪 20 年代老上海的奢华感。天花板边缘及吧台立面的深咖啡色弧形腰板及滚边，搭配红色绒布天花及家具，黄铜酒杯架等，甚至架子上的复古瓷碗杯盘都透露着老上海的沧桑。

“别小看这个吧台，像这个滚边的木作工法，就让木工师傅不停叹息！”子洋表示。但是为了打造更精准的 20 世纪 20 年代风华，光这点就是无法妥协的。

4 神秘、华丽又份量感十足的吧台
5 纯木工的滚边吧台

1 黑板旁的格子窗棂是原本老建筑留下的，原本的铁卷门也被保留
2 打开斑驳的木门，似乎可以窥见空间里的秘密
3 橄榄绿的底墙在昏黄的灯光照射下，墙面会呈现出一种如布料的错觉感
4 从秘氏窗外望去，对照室内外的氛围，让人感觉有种电影蒙太奇手法在被运用
5 玻璃绘灯

咖啡店中的发廊

发挥老板特殊才艺的空间

吧台对面的 VIP 包厢区，其实在前一阵子还是老板特别规划出的发型造型区。在咖啡店中安排这么一个区域，是特色也是老板发挥过往才艺的一个舞台，只可惜慕名上门喝咖啡的客人越来越多，因此不得不腾出空间将专业的剪发椅收起来，改放实木的中式复古餐椅，变身为 VIP 包厢区。或许等哪天子洋不忙了，可以接预约剪发的客人时，再拿出来摆放。

1 原本的秘密发廊，大面镜子其实是剪发设计造型用的仪容镜
2 原本位于客厅的水晶吊灯被移至发廊区

“这房子本来就旧，门窗都是旧有的。”

发挥美术底子，样样自己来

在资金不足的情况下，子洋的美术底子在空间整合上发挥了作用，他用最简单的方法，将自己心目中的空间展现出来。门口的瓷砖被剔除，保留水泥的粗胚，门板则是他从废弃眷村拆回来的。室内采用最简单的油漆处理，把预算放在深咖啡色的腰板、线板及地板的铺设上。

在空间设计上，大面积的橄榄绿立面，以及原本的开放格局都不作变动，但把原本的铁制窗花拿掉，保留木格栅窗，还增加一个复合式吧台，而且要把天花板由白色改为与地板色彩相同的深胡桃木色，并在现有腰板上贴上一条镜面围绕没有窗户的墙面，让小空间在镜面反射下有放大效果。

子洋觉得空间的橄榄绿基调很有春天的味道，他说别小看这个橄榄绿的底墙，若仔细观看，可以发现在昏黄的灯光照射下，墙面会呈现一种如布料的错觉感。“这可是我跟师傅研究出来的特殊漆法。”子洋自豪地表示。

3 秘氏珈琲从门口开始就营造出复古怀旧的氛围

上海与巴洛克风的华丽混搭

外朴实内华丽的惊喜

进入此空间，除了墙面显眼的橄榄绿之外，其实也不得不为店内也不算少的金色、大红色等华丽欧洲古典风元素所折服，除了大面积反射下有让店内有宽敞效果的华丽边框镜子外，红色绒布的维多利亚沙发、吧台椅，还有一般咖啡店少见的大理石桌面等，都让人感觉身处视觉飨宴，目不暇接，而这一切都自然融合在上海风基调中，一中一西，一个朴实，一个华丽，却意外融洽地融合了。

空间里的家具及装饰品，70% 都是子洋到准备拆迁的老屋、眷村、已结束营业的店或二手家具店里一一捡回来或购买回来的，包括木作音箱盒、实木置物柜、桌椅、梳妆台及镜子，甚至连灯具也不放过， 像是门口黑板上方的电线杆灯、门口的海报灯是用人家不要的桌灯改的，沙发旁的流苏立灯及玻璃彩绘桌灯是捡回来的二手货等，它们在空间里扮演着凝聚氛围的重要角色。

在他细腻的摆设下，巴洛克风格与民国初的上海风结合得恰到好处，如此精彩的布置，也使秘氏成为许多音乐短片（MV）及剧组选择的拍片场景。

1 柜子里陈列着许多子洋收集的古玩
2 青花大理石的边几配上莲花灯、复古椅以及中式窗框、白色纱帘，像不像电影《花样年华》里的一个场景
3 子洋对细节十分讲究，连同 VIP 室的金黄色绒布帘及铁制轨道，都要让它们融入空间氛围中

善用镜面反射放大空间感

由于空间才 60 平方米，为制造放大感，并营造出空间切换的感觉，老板让每个空间角落都可以透过镜面反射，看到不同的空间或人影的流动，从而产生故事感，如同蒙太奇的电影切换手法般。因此在空间里隐藏着许多大大小小的镜面，如厕所拉门门上、腰板上缘、桌子上缘及墙上的挂镜等。

4 厕所拉门嵌入镜子

经营特色 *Characteristic* ×4

POINT 1

开放多元化活动、婚摄及拍片包场，形成另类收入

自从华华的表哥在四年前秘氏刚开业时，在此拍了婚纱照放到“脸书”上后，由于复古怀旧的上海风格太特别，吸引了许多婚纱公司及M V的制作公司前来取景及拍照，来过的最有名的明星有曹格、张钧甯，甚至张子怀拍婚纱照时也来此取景。再加上近年来，自助婚纱摄影兴起，更有不少新人指名要来此拍照，因此秘氏顺势推出包场服务，让新人拍得过瘾，也避免客人白跑一趟。

POINT 2

客人与专业咖啡师才是主角

对秘氏而言，一间咖啡馆的灵魂在于人，尤其是一位专业的咖啡师，就如同侍酒师一般，必须对店里的咖啡了如指掌，必要时还需去上课进修。因此几乎可以说，在秘氏的每个人，从认识豆子到冲泡美味咖啡都十分熟练，因此每每来到店里喝单品的庄园咖啡就如同上课一般令人期待。除此之外，阿俊也强调，再好的空间或咖啡师，若没有赏识的客人来互动，也是没有温度的，所以，“人”才是空间里的主角，上演着一出出名为生活的戏！

POINT
3

专卖精挑细选的庄园咖啡，享受手冲咖啡的美味与香气

空间特色是一时的印象，人与食材的关系才是更稳固的联系。因此在店面随处可见装着咖啡原豆的瓶瓶罐罐，里面都是阿俊精心挑选出来的豆子， 秘氏的豆子是先经过生豆筛选，再经熟豆筛选，两层保障，质量才能稳定。此外，罐子上都会贴上标签，让客人初步了解豆子的特性。若能请阿俊来讲解，更能使人对咖啡有更深入的认识。

POINT
4

结合手作面包甜点，吸引饕客回流

秘氏最让人难忘的是不定期会在“脸书”上公告出近期秘氏小厨房会出什么好吃的甜点或手作面包，像是由米其林三星面包师傅所做的布里欧面包、棉花糖面包、欧氏巧巴达面包、长条手指饼干、德式香肠咸派，或阿俊妈大老远从屏东送来的凤梨酥等，因份量有限，往往吸引很多忠实的顾客线上下单，到店里取货时顺道再进行其他消费。

布置诀窍

POINT 1

特殊油漆法营造复古斑驳效果

秘氏因为三角窗的地理位置，再加上大面积的开窗，使得光源可以进入室内，但为了营造空间反差效果，子洋特别挑选特殊油漆，以手工镘刀方式在墙面营造出粗糙面及深浅感，在昏黄的壁灯或立灯照射下，呈现如同绒布般的视觉效果，让单一的绿色墙面也有不同色差的层次感及复古的斑驳感。

POINT 2

不同灯具营造内外空间氛围

灯在秘氏扮演十分重要的角色，为将老上海风的元素凝聚起来，子洋在灯的挑选上花费了很大的工夫，包括建筑外观上的中式灯笼、黑板上方的电线杆灯、门口的海报灯，甚至进到屋内的流苏立灯、玻璃彩绘桌灯及造型壁灯等，都用局部照明将空间层次展露无疑。

Light & Line Schematic Diagram

POINT 3

复古铜制开关及把手强化20世纪20年代的风华

子洋很喜欢复古的小件，尤其是一些五金跟建材，像是为了强调 20 世纪 20 年代的老上海外滩那十里洋场的氛围，刻意挑选铜制的圆型开关及木门上的把手，以及有老钥匙孔的铁片五金，营造出复古怀旧的精致质感。

POINT 4

善用门口大黑板手写每日豆子，拉近与客人的距离

招牌设计被刻意淡化处理，但又想让经过的客人了解秘氏所贩售的内容，因此在转角的水泥墙面挂上一块大黑板，用粉笔写上每日精选的庄园咖啡豆的品种，拉近与客人的距离。

（灯光）+（动线）示意图

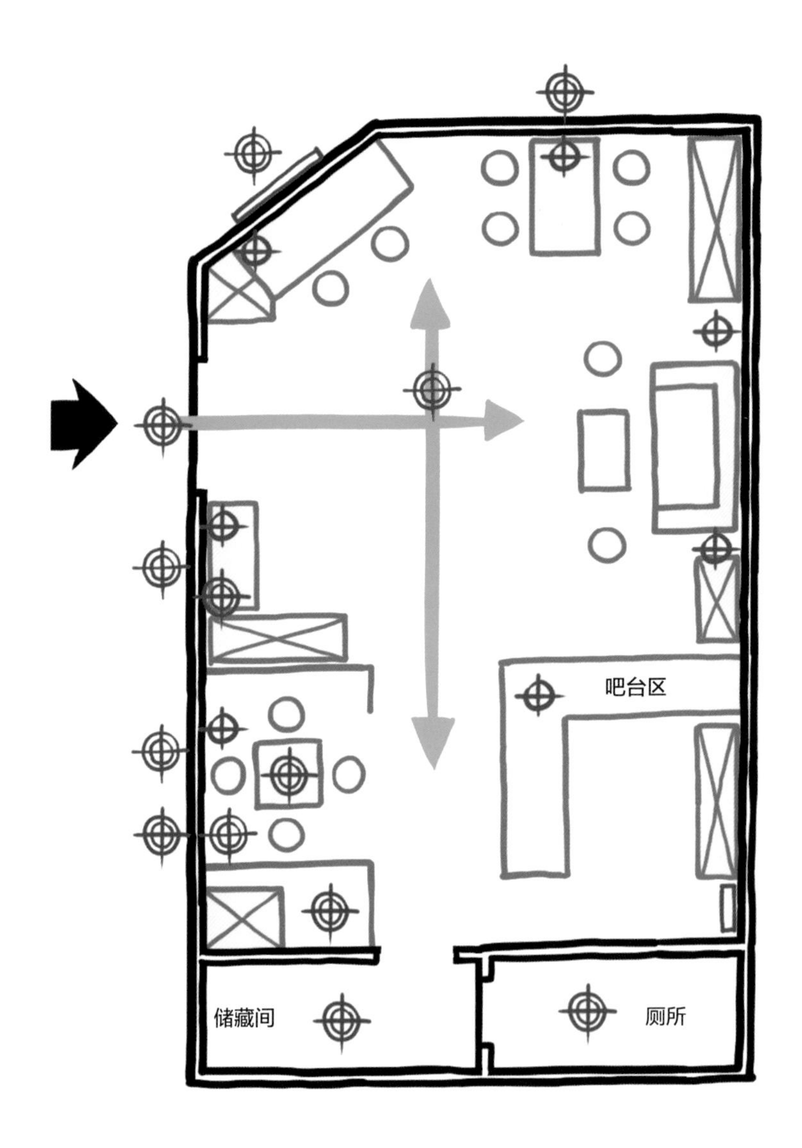

Light & Line Schematic Diagram

面宽大于深度的典型基地

利用深度创造四面的座位区

进门后即是店内最宽敞的座位区，往左可以寻找自己喜欢的位置坐下，往右转则是吧台区及包厢区。

整个空间只有两盏主灯

老板子洋很喜欢运用灯光营造空间氛围感，因此只有在沙发区及 VIP 区设置两盏主灯，其他则利用立灯及桌灯营造上下的局部照明。刻意挑选彩绘玻璃灯罩及流苏灯罩突显老上海的低调奢华氛围。

铁汉也有柔情的温润咖啡馆

法尔木

📞 02-2368-1106

🏠 台北市同安街20-1号

🕒 平日7:30-20:00，
假日10:00-20:00，周二公休

▦ 饮品、轻食、场地租借、咖啡豆预约贩售

面　　积：50平方米
店　　龄：1年半
店员人数：2名（不包含实习生）
装修花费：人民币18万
设 计 师：郑丞喨（光晨空间设计）

2

装修规划 Plan
蒸汽朋克风的追随者

创店之初，本想致敬南非开普敦“真理咖啡馆”（Truth Café）——被《MSN 旅游杂志》评鉴为世界上最棒咖啡馆之一，以“蒸汽朋克风”为主要设计概念。所谓的“蒸汽朋克风”，指的是流行于 20 世纪八九十年代的科幻题材，但在有限的预算与紧迫的开业时间压力下，只能改以工业风的设计为主体，并以蒸汽朋克风的精髓点缀，等待站稳脚步后逐步加重蒸汽朋克风的比例。

一开始以毛胚房的状态为基础，重新施作水电、地板，因为位于中间的厕所让空间产生破碎感，设计师在平面规划时以厕所为界，区分前段的“优先入座区”与后段的“隐密空间区”，也特别斟酌铁件与木头的比例、挑高空间的舒适度，再加上灯光的调和，以免风格过于冷僻。

营运历程 Progress
顺应空间特色

选择店址时，当初考虑的是“离捷运站近”“邻近居民楼与办公大楼”，希望这些川流的人潮能带来更好的销售额，所以要在住户、上班族等不同客户群的需求上深耕这个区域的市场。经过缜密思量，法尔木选择了邻近捷运站出入口，缓步五分钟的距离，交通相当便利，并凭借着好喝的咖啡与舒适、有特色的店面设计，于古亭捷运站附近站稳脚跟。

1 拾阶而上，为进入咖啡世界“暖身”
2 店面一侧的店名与复古信箱
3 法尔木的装潢招牌特色——水管
4 近大门处的一角

富有未来感的冷调店面

稳重格状式分割构图

从远处便很难不注意到的机械感门面，以铁件与玻璃的格状构图呈现出秩序与理性的设计感，而灰蓝色的主调与玻璃上倒映的栉比高楼相当合拍；屋檐下方的暖色系“Firewood Café ”与大面玻璃上的法尔木机械咖啡豆标志则温暖且可爱地提醒着过路人——这是一间咖啡店没错。

不论是气派的双层沟槽式屋檐，或者边间店面以玻璃与铁件构筑的份量感，都容易让人误以为这是一间大面积的咖啡店，但是实际上，内部只有 60 平方米。

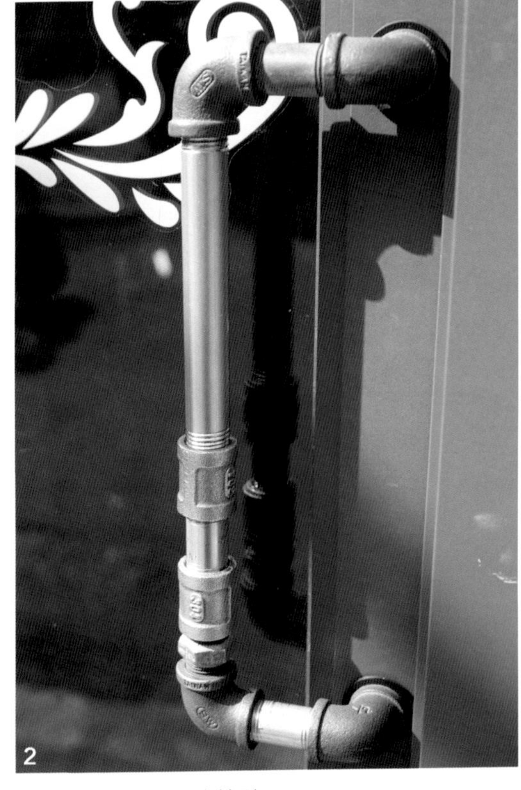

1　屋檐的铁件质感、色泽都很引人注目，上下双层中间凹槽的设计也相当特别
2　店门的把手是老板手工做成的水管门把，冷硬扎实的手感直触工业风冷调核心

水管原来这么好用

木头与铁件打造亲切工业风吧台

进入大门，右手边是店内的主要座位区，一侧长排靠窗、一侧长排靠墙。座位区水泥墙面延续店面的沉稳灰蓝色印象，与老板自己特制的粗旷风水管灯具、水管层架等，与水管桌脚、椅脚等巧妙融合，展现不同于其他工业风店面的特色与巧思；而木制桌椅与暖调灯源则中和了空间中的冷调氛围，让此处有个性但又令人感觉舒适。

左手边则是以大量木质元素堆叠出温暖吧台，横纹的木板走向拉长视觉宽度，再以铁件与铆钉描边，勾勒稳重可靠的 Man Power，阳刚味十足中又带有木质亲人的特性。靠近吧台点餐时，水管支架、手工灯具、烘豆机等近在咫尺，不仅是装饰，更是担负着重任的实用品。吧台上方竖起的栈板是目前筹备中的菜单墙，灯光角度也调整好了， 就等老板有空时进行下一步——挂上品种明细。

3 使用弹性极大的手工水管桌椅，是增加容客率的重点区块

4 以细水管做为栈板支架与吧台出入口界定，颇有举重若轻的意味

5 黑色的铁件与铆钉，让木质的吧台看起来更硬挺有型

分配空间机能

修正格局，方正优先

第一印象看似格局方正的法尔木，其实是经过设计师巧妙修整才成为现在的样貌。入门右手的明亮落地窗座位区，长条餐桌巧妙地拉直了视线，让原本并不方正的空间不至于歪斜得太明显。

原是圆弧型的室内畸零空间则隐身于工作吧台后方，使得工作人员在使用上十分便利；本案的厕所原本置于中间位置，即使装修之初水电地板全部重做也无法变动，只能顺应设计将空间一分为二，靠近门口的位置规划给客人优先入座区，而更深入往里走的空间，则作为预备空间使用，若是注重隐私或想要更专心于手边事务的客人，也能在此半独立区域中悠然自得。

1 用餐桌将视线巧妙拉直，保持格局方正
2 预备空间摆放四组桌椅，隐密的空间吸引需要安静的客人
3 钨丝灯泡与自然光源是白天灯光设计的重头戏

魔鬼藏在细节里

只要 30×60 厘米的桌面

一般桌面的尺寸至少是 70×60 厘米的规格，法尔木则选择自制的 30×60 厘米的桌面，所考虑的就是店内的经营型态——没有正餐，来店的客人都是一杯饮料加轻食，或是一台笔记本电脑加饮料，因此空间绰绰有余，而每桌各省下来的尺寸，则可以选择考虑作为放大走道的筹码，或者是另一张服务客人的餐桌。

有别于一般任意搬动的座位，外侧优先入座区的桌子全数固定于地面无法挪动，这样的做法让小空间的变量减少，确保了桌间的通道顺畅，不会因桌子撞到而干扰到动线，让人感觉更有秩序也更稳定；另外需要并成六人桌时，只要再拿取后方预备空间可移动的单人桌即可，这是经过老板缜密计算后得出的合理方案。

优先入座区大排的长板凳，是老板戏称的通铺座位，也是增加容客率的重点设计。如果没有并桌的，座位可供约 26 人同时使用；若有需要时可以坐下 30 多人，全靠通铺式座位的调节。

3 预备空间中的可挪动式桌椅
4 桌面全数固定于地面

向上延伸让小空间变宽广

蒸汽朋克风收藏品的酝酿成形期

可自由伸懒腰的挑高空间，是法尔木让人感觉轻松而无负担的重点。50平方米的有限空间，加上空间中间有厕所阻断视觉，本是让人感觉先天条件不佳的场所，而老板作出不做天花板、不做夹层的选择，突显了高挑空间的优势，淡化了整体的狭小印象。地板则以水泥粉光做出粗犷的感觉，统一空间调性，配合自然光源展现未经雕琢的材质原貌，均衡而平静。

凭借对齿轮、机械、金属的热爱，店内也摆放了许多老板从二手市集搜罗来的“战利品”。不同于其他店家的工业风，店内的收藏品有一个明确的主题——蒸汽朋克风，最明显的例子，像是西方的《海底两万里》，或是东方宫崎骏的《天空之城》等，将蒸汽的力量无限扩大所虚构出蒸汽力量至上的时代氛围，这种超现实科技幻想是老板追求的面貌，他也通过收藏的形式朝着这个方向不断努力着。

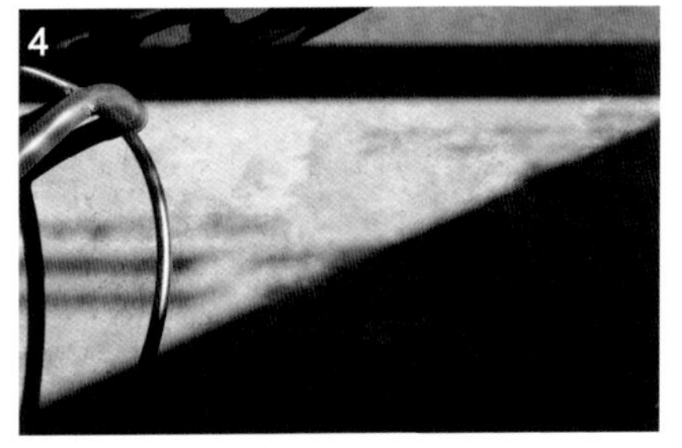

1 不选择做夹层增加容客率，让每位访客享受挑高场域的大视野

2 里侧座位区墙壁选用“铁丝网”跟“黑色”元素增加蒸汽朋克风的氛围，材料购买简单，自己动手呈现效果也不容易失败

3 “机械”+“蒸汽”的公式让古旧的农药罐成为蒸汽朋克风的代言人

4 水泥加上自然光源，呈现时间走过的痕迹

夜间加班施作，缩短工程时间

一个月的装修期当两个月用

为追求自然复古的感觉，老板刻意去找一些比较旧的木材或是二手的木条、栈板，制作成吧台、桌面、椅子、柜体等，吧台区白天由木工师傅专业操作，晚上则换老板借师傅遗留在现场的机器重装上阵，自行制作桌椅、铁丝网框架等。“白天认真看师傅怎么操作机器，晚上就可以试试看。其实比想象中简单，别怕！”好在师傅大方出借机器和工具，附近邻居也没有因为夜间施工去有关部门投诉，装修也因此才能顺利进行。

旧的木材或是二手的木条、栈板，除了可以在网络上搜寻卖家外，老板还在桃园找到了专卖废木料的地方，大大节省了预算，只是地处偏远，第一次去的人往往容易迷路。此外店家不提供运送，每天进来的木料品种及品质也都不一定，全靠自己碰运气去挖宝，还要雇车去装载，不嫌麻烦的可以去试试。买回来的旧木材经过整理后，还有机会出现让自己惊艳的木质纹路，这种像是刮刮乐的刺激，也是手工装修的小趣味呢！

5 一张张桌椅，都是老板熬夜的成果
6 自行设计的造型灯具，呼应工业风的钢铁灵魂
7 通铺式的座位，是由老板以旧木料打磨钉制而成

经营特色 *Characteristic* ×4

POINT 1 买咖啡豆？请等七天

不同于一般咖啡店的现卖咖啡豆，为了让客人享受最新鲜、浓郁的咖啡，法尔木的配方豆都需要经过预约，接到每笔订单之后才开始烘焙、养豆的流程，最快七天可以取货。

法尔木的咖啡豆调性居中，喝来十分顺口，不管是做冰滴、手冲、摩卡壶、Syphon，都很适宜。

POINT 2 只在每个礼拜五出炉的限定手工蛋糕

做什么都很专心的法尔木，蛋糕也只在每星期五晚上制作，星期六、星期日卖完就宣告售罄。不似一般坊间以奶油或透明玻璃纸保湿，由于坚持新鲜、美味的原则，因此不能大量制作，以求每片100% 纯手工的蛋糕都能以最佳状态呈现在大家面前。想要吃到好吃的柠香起司蛋糕？假日记得来法尔木碰碰运气。

照片提供：法尔木

POINT 3

独创机械咖啡豆标志设计

在外墙玻璃和店内的热杯上都可以看到法尔木的专属标志——以齿轮、铆钉组合成宛如机芯的咖啡豆，理性分析了咖啡豆的品类与价格，颇具特色，代表咖啡豆带给人们运转不息的能量。

之前有达人在台湾地区举办“世界咖啡杯套收藏特展”，特别指名“法尔木的标志是目前台湾咖啡店中，我个人最偏爱的标志设计”。

POINT 4

下阶段目标：户外座位

未来法尔木将提供门口左侧区域作为户外座位区，搭上棚子或阳伞后，可以更贴近自然，让客人尽情享受日光浴和咖啡，也让想要抽烟的人有地方可以安身，只是需要一点时间筹备动工。

布置诀窍

POINT 1

手工水管印象

店内让人眼前为之一亮的水管灯具、水管层架、水管桌椅脚等，都是出自老板的巧手，一方面是机械设计专业出身的他兴趣使然，一方面想节省预算，没想到却琢磨出法尔木如此风格鲜明、统一，又令店内增色许多的系列家具、家饰，不少消费者知道这些都是老板自制后，还问老板是否愿意接单做定制款，可谓好评如潮。

POINT 2

旧的牛仔裤也能变成装饰的一部分

工业风、铁丝网与牛仔裤的搭配也十分引人注目，透过深浅不同的牛仔裤拼贴而成的装饰墙面，让看来较显阴冷的铁网映衬灯光后显得更有层次。只是为了装饰这几面墙，老板笑称还要去搜刮亲友的旧牛仔裤，还被笑话说是不是穷到没裤子穿了！

Light & Line Schematic Diagram

POINT 3

木片菜单

悬挂在铁丝网上的木片，构成店里的菜单墙。不规则的小木片呈现可爱风与质朴感，谁说菜单一定要正经八百的，这是属于老板个人的小创意，你也可以为自己的店设计出使客人惊喜的菜单墙。

POINT 4

当烘豆机遇上缝纫机

装修与布置的乐趣在于，艺术本来就是千变万化，不受限制的。旧式缝纫机与蒸汽朋克风虽然一开始很难联系在一起，但是那粗旷而充满造型感的铁制桌脚却意外与烘豆机相当搭调，一拍即合，从此成为烘豆机的宝座。

（灯光）+（动线）示意图

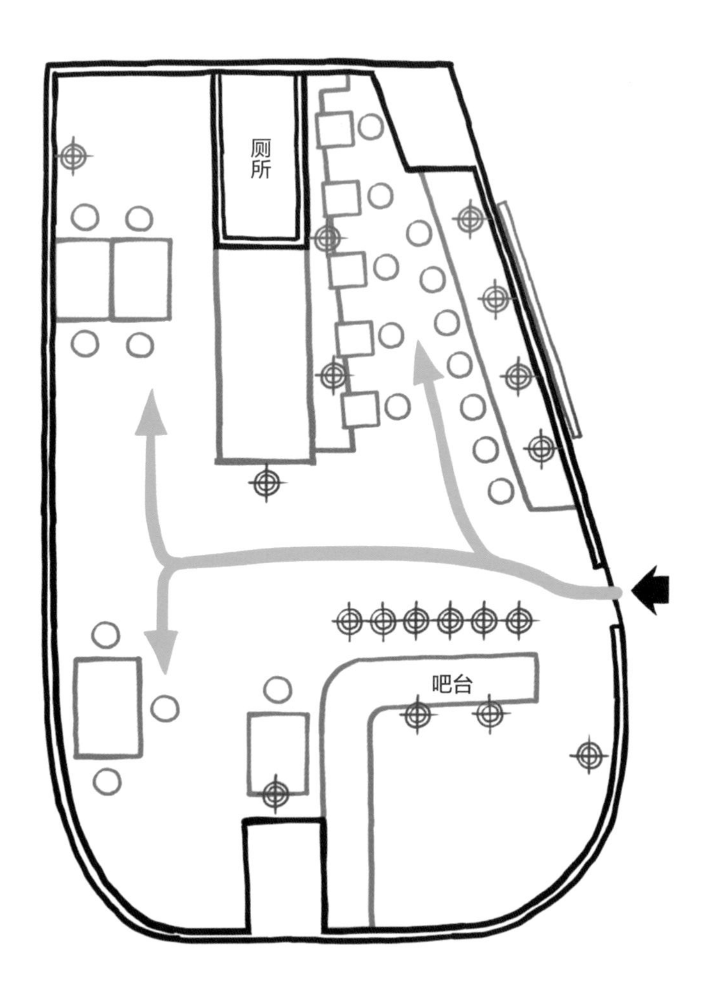

Light & Line Schematic Diagram

顺应基地形状做出分区

面宽大于深度，明亮短动线

因为有厕所居中作为原始隔间，设计动线以入门后左侧点餐，而右手边就是店内的主要座位区，通常第一次光临的客人多会选择此区的靠窗座位，享受日光、街景，或是选择靠墙的长板凳区，而熟客或有需要隐密空间者，则有可能会往更里侧的座位区探寻，虽然店内面积不大，但是却顺着房子原始限制做了分区设计，意外创造出小空间中的层次感，满足访客不同需求的同时也创造了店内丰富的景致。

灯光层次为重点

与一般咖啡馆的明亮照人不同，法尔木只有门边桌椅区自然光照充足，而随着深入室内，自然光源次第减弱。郑丞喨设计师表示，一开始法尔木就不走明亮可爱风格，经过打灯显现的层次感才是表达的重点。

白天大片的自然光源是重心，晚上则是灯光效果领衔，天花板只设置高瓦数 LED 射灯，舍弃主要的扩散性照明，让夜间灯光借由强烈聚旋光性的对比，让落差更明显，并以黄光的钨丝灯泡让整体的暖度增加，拉近与访客的距离，不让访客却步。

仿「立吞」的餐饮模式有效善用空间

O'TIME

02-2562-0118
台北市天津街56-20号
周一至周六10:00-23:30，周日12:00-22:30
饮品、轻食、场地租借、杂货贩售

面　　积：33平方米
店　　龄：2年
店员人数：6名（不含实习生）
装修花费：人民币27万（含设备，不含品牌规划和视觉呈现）
设 计 师：赖志琪设计师

装修规划 *Plan* 从酝酿一杯幸福开始

有一群爱喝咖啡聊是非、为了喝到好咖啡到处跑的死党，因缘际会之下，遇上了老树咖啡——台湾地区知名的老咖啡店的 Syphon 咖啡关键制作技术，经历了一年多的时间沟通、说服，带着满满的诚意与对咖啡的理想终于打动老板，传授他们技术尔后顺利开店。

虽然 Syphon 的萃取作法传统而典雅，但他们不想受缚于既定的窠臼，决定另辟蹊径，新旧交织，由空间引领产品，让传统风味也有全新感受。

营运历程 *Progress* 百年传统，全新感受

一开始访客容易以“工业风”界定 O'TIME 的风格，但赖志琪设计师并不这么认为，“我们其实是倾向保持空间原始的样貌，像是天花板、壁面、地板等，都是拆卸了原本装修后整理恢复的自然状态，并不是刻意的规划”。有别于一般咖啡店的精致装修，O'TIME 更希望大家将关注点锁定在“咖啡”身上，也不希望将装修的额外成本增加在产品上，唯有突显产品本身的价值，才是 O'TIME 品牌经营的方向。

1 粗旷空间以木制家具拉出细节，形成整体气质
2 木制饰品带给人如同咖啡的温暖感受
3 以灯光映衬虹吸壶，让萃取的过程更为艺术

纯白而无懈可击的个性与优雅

折叠门的美丽与哀愁

初见 O'TIME，很难不被它同时充满气势与优雅的白色屋檐外观所吸引，成功运用建筑转角本身的先天条件，以纯白、水泥墙与少量的木头材质营造出特殊的风格，往往人们经过 O'TIME 时很难不驻足多看两眼。

另外，O'TIME 复制国外旅游时所见的美丽印象，选择折叠门作为门口的标志终年迎宾，增添欧洲小酒馆的浪漫情调，大受访客好评，也勾起不少人欧洲旅行的美好回忆，虽然为总体氛围加分，但店长苦笑着提醒，夏日时节依旧大敞折叠门，空调费可是相当"可观"。

1 冷调而时尚的外观设计，招牌设计带有名品的简约劲道
2 师法国外酒馆的折叠门造型

穿透感达成空间放大术

户外座位营造另类风情

O'TIME 咖啡选择利用三角窗地带能见度较高的优势，以清玻璃扩展内部仅 33 平方米的视觉空间，拉近与访客的距离，而户外区的座位则是无心插柳。“原本我们是以外带为主，且因为内部面积限制我们无法提供较多的座位，但想要坐下来品尝咖啡的客人实在太多，所以试着在门外放一到两组桌椅，反而营造出欧洲路边小酒馆的风情，外面的座位比原先店内的规划的座位还抢手。”

3 在阳光的加持下，户外座位区提供暖洋洋的用餐氛围

对比手法突显咖啡温度

打造专属的冷调时尚

进入 O'TIME 室内，黑、灰、原木三种主色让空间充满稳重质感。墙面与地板保留水泥无修饰的冷调原色，黑色窗架、桌脚，以及不锈钢台面等，所赋予空间的理性与冷感，由厚实的桌椅木色与咖啡温度做了一个最完美的调和。此种五感体验的对比手法，更能让人感受出咖啡炙暖的手感。

此外，白、浅灰等色能让空间有膨胀、放大、轻巧的效果，可在反射光线时带来增加空间的功效，而适度的黑色直条纹铁件，则有助于展现高挑。当然，玻璃的穿透感与镜面的反射，也是为 O'TIME 这小空间营造出开阔感的关键工程。

1 紧邻落地窗摆放的户外座位区，除延伸用餐空间之外，仿佛也消弥了清玻璃的隔间感，让视觉的空间面积扩大

2 利用柱面安装层板，打造客人随手自取的调理区

3 不刻意摆放展品，展品多是朋友赠送的纪念品或盆栽

4 梳理管线后自然呈现的工业风风格

或站或坐，不同的舒适体验

比一般吧台更高的“立吞”概念

尽管在装修手法中以对比方式突出咖啡的特色，但吧台座位区毕竟还是客人长时间接触的区域，赖志琪设计师选择木头质感作为空间调性与客人实际接触建材间的媒介，只在视觉上而非触觉上呈现冷调的意象，成为对比手法中重要的缓冲。

向英国的小酒馆致敬，O'TIME 将吧台做得比一般吧台更高，仿日本“立吞”的形式，哪怕高脚椅坐满，客人只要架开手臂倚在吧台边站着也能舒舒服服的聊天，还能饱览吧台区咖啡师制作咖啡的美妙风景。O'TIME 将自己定位成畅谈无忌的好地方，白天也许是要杯咖啡，晚上换成饮料或啤酒也不违和，而“立吞”的餐饮模式也能有效善用空间，让浮动的座位数量得到提升，增加容客率。

1 仿造日式“立吞”形式的吧台，让人站着喝咖啡也从容惬意
2 井然有序的吧台
3 吧台就是吸引目光焦点的舞台

精简设计，精简动线

精打细算的35厘米

一走进 O'TIME，视线所及便是全部范围，动线很单纯，一条直线的动线，右手边为吧台区，左边则为座位区，总共可坐约十几人。

店内的桌椅被刻意调降了高度，最初以为只是不从众的天马行空，但细究之后才发现其实是 O'TIME 私心的希望大家来这里“聊天”而非“办公”的设计。为了营造随性的品味空间，50 厘米高的桌子与 35 厘米高的椅子，其实比较象是家中常用的大小板凳，带有即坐即聊的不固定性，也谢绝了想带电脑来办公的客群，将空间留给如同当年喜欢喝咖啡聊是非的“自己人”。

不固定的桌椅为空间使用提供极大的自由度，更便于移动、并桌以满足客户的需要，也让在附近餐厅吃完正餐后的一大家子，能在 O'TIME 喝一杯暖心咖啡再继续之前的话题。

4 造型一致的整组桌椅

经营特色 *Characteristic* ×4

POINT 1 单品的魔幻魅力

“目前店里卖得最好的是美式及特调，但其实我们的单品咖啡喝了会叫人难忘喔！”传承日本的虹吸技术（利用水沸腾时的压力来帮助烹煮咖啡），能让客人感受不同的咖啡风情，也因为萃取方式不同，即使是容易因咖啡因过重而心悸的客人也能放心饮用。

POINT 2 老板，最近推荐什么书

不刻意放置展品或周边，O'TIME的展示的往往是随处可见的记忆片段：朋友送的可乐瓶、开店之初因怕豆子受潮而垫在底下的空心砖、最近浏览的杂志、推荐电影的海报……如同家居的轻松惬意，抒压之余也能一窥老板们的生活感触。

POINT 3

咖啡与热狗的双重奏

咖啡只能与蛋糕成双成对？ O'TIME 可不这么想。当初本来只是想要与众不同，加上国外喝咖啡配热狗早已行之有年，于是老板开始自己研制肉酱，将国外热狗的风味重现在台湾六条通，有不少来自美国的背包客还赞誉“跟在美国餐车吃的一样好吃”！如同 O'TIME 的坚持，虽是以传统方式烹调的咖啡，却要以不同的包装形式呈现。谁说老咖啡一定要搭配木头的老装修？在新潮流的设计空间与副餐搭配里，一样可以尝到传统专业的好味道！

POINT 4

不定期的展演票券分享

看中 O'TIME 人潮如织，不少当期首轮电影放映或展览会与 O'TIME 合作，提供票券或折价券。想要知道现在有什么好看的？记得留心店内更新的相关海报哦！

布置诀窍

POINT 1

简单带来稳定感

空间越小时，简单的布置越是最聪明的选择。不论是造型利落的实用层板，还是颜色单一质朴的空心砖，都为空间带来稳定感，也让消费者的视线所及不会因为空间小、东西多而感觉压迫。当然，小而杂乱的温馨杂货风又另当别论，当你要开设小咖啡店时，装修前一定要先想清楚这间店想要给客人带来什么样的感觉。

POINT 2

整齐的装饰带给大家的强烈秩序感

身为视觉重心的吧台，选择以各种同款同色的瓶装饮料加上来自各产地的瓶装咖啡豆作为装饰，以铁制框架举重若轻地悬吊于上方，既能让吧台上下方产生微妙的视觉平衡，形成与工作区自然的区隔，还能映衬工作台后方整齐有序的各类杯具，建立空间强烈的秩序感，显得干练利落，呼应空间风格。

Light & Line Schematic Diagram

POINT 3

信息提供当然也是布置的一部分

咖啡虽是普遍的饮品，却是门专业的手艺，想在店内普及关于咖啡的小知识，包括产地、风味介绍、咖啡小故事等，可借由广告牌、图片、文字宣传等方式，既能引来客人的注意，同时又是最名符其实的装饰品。

POINT 4

量身订制同造型桌椅

不同于一般咖啡店喜欢零星挑选和购买桌椅，O'TIME中让人印象深刻的同种风格、同种造型的桌椅与沙发，整齐划一地融入空间中，这是订制款才有可能达到的利落感。

（灯光）+（动线）示意图

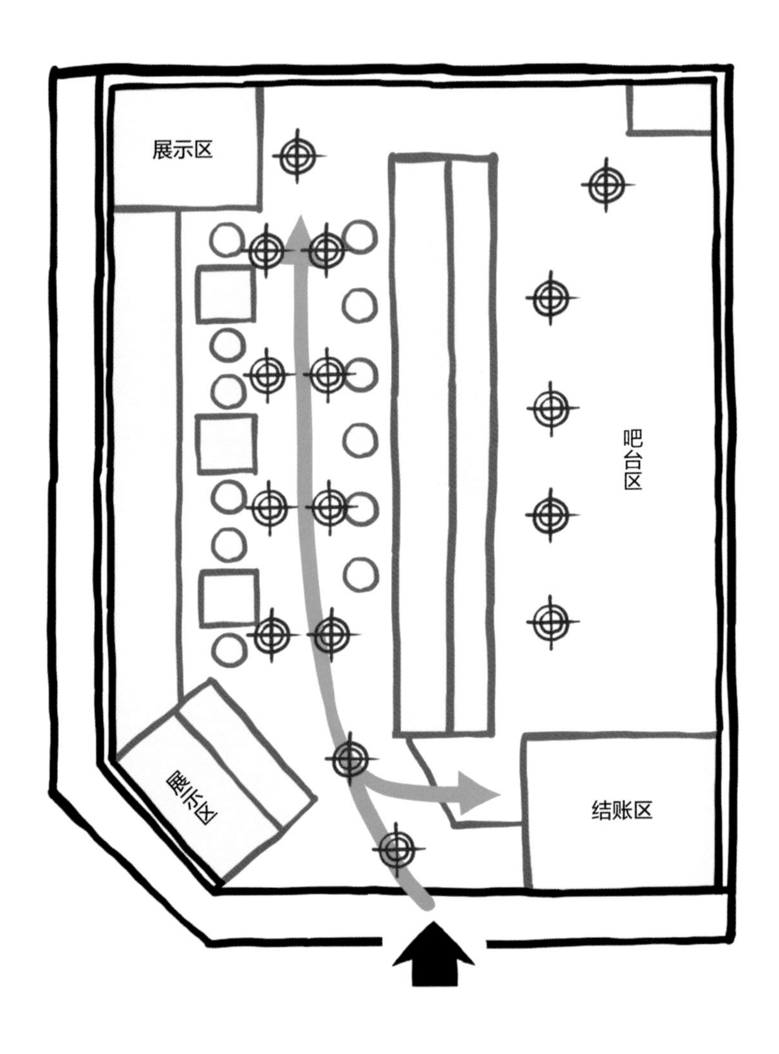

Light & Line Schematic Diagram

三角窗基地以单向动线为主

符合直觉就是好的动线

大门开口取决于动线设计，从大门入口的点餐、取餐到入内选择座位，采取一字型的流畅设计可充分利用每一平米。

吧台是最重要的视觉舞台

打墙安置落地窗，除了强调三角窗两边皆店面的特点，也让狭长型空间有更好的采光，因此灯光设计在O'TIME中不以照明为主要目的，而是从“舞台”的概念出发，将座位区的灯光刻意调暗，强调吧台区的灯光投射，让咖啡与咖啡师的一举一动成为目光的焦点，吸引访者一探究竟。

深色内装也能让迷你咖啡馆在视觉上得到拉高感

Wilbeck

📞 02-23317706
🏠 台北市开封街一段9号（Wilbeck 开封店）
🕒 周一至周五 7:30-20:30，周六、周日 8:00-20:00
▦ 饮品、特调咖啡豆、咖啡豆预定烘焙、外送、咖啡滤纸贩售

面　　积：33平方米左右
店　　龄：6年
店员人数：7人
装修花费：人民币9万-11万
设 计 师：老板

2

装修规划 Plan

要省钱，还是得由自己动手

一般 33 平方米大的咖啡店面设计装修费动辄可能要人民币 13-22 万，但 Wilbeck 的装修和装饰全都由自己来，唯有请专业的水电师傅来帮忙拉线和请木作师父做了一个台子，其他包括地板、墙面、招牌、天花板、家具、木工等都是自己来弄，所以 Wilbeck 才花了约人民币 9 万的费用就完成了一间店的实体装修。

就连复古家具和一些装饰都是去二手商店或二手市集挑选，有时候走在路上看到的废弃家具，经过改装后也可能就摇身一变成为 Wilbeck 的家具，有些家具更是从国外整货柜进口过来，在 Wilbeck 的每一件家具都有它自己的故事。至今，Wilbeck 通常 3-4 年就会稍微改变一下店内装修，以增加新鲜感。

营运历程 Progress

起步虽早，仍是要战战兢兢

在 2010 年前后，那时候小面积咖啡店还没有那么多，手摇饮料店也才刚开始盛行，因此使用自烘豆，又是小面积的店面，在那时来说算是先锋，没有几家店的风格做得像 Wlibeck，也因为起步得早，培养了一批忠实客户。

目前五间 Wilbeck Café 都是选择在人流量大的地方，理想的地点除了有人流外，最好是在转角过去的巷子口，有一定深度的骑楼，坐在那里喝咖啡会很自在的地方。

老板想说，开咖啡店并非如大多数人想象中的那般梦幻，不像一般手摇饮料店只要靠比例和固定流程做出饮品就好，如何维持每一杯咖啡的质量，煮出不会让人失望的咖啡，并坚持所有咖啡小细节才是最重要的。

长形基地，吧台在最里侧
店内家具与地板木色皆走沉稳路线
贴满集点卡的墙面

香味才是最吸引人的招牌

像是在邀请大家入内的无大门设计

不同于一般咖啡店，以外带为主的 Wilbeck 在店面采用的是无大门的设计，一方面深长形的基址使得门面狭小，若安装了大门会感觉更狭窄，另一方面外带咖啡店追求的就是欢迎大家方便入内，无大门的安排更像是在跟路人说欢迎光临似的，以咖啡香和透出的灯光吸引消费者入内。

当初因为碍于空间的关系，房东不希望有明显的招牌，因此只简单地在横跨骑楼的天花板上挂了一块印有店名的帆布当作招牌。店铺所在的位置招牌玲琅满目，到处都是五颜六色、大小不一的招牌，所以当人潮在骑楼下穿梭时招牌反而不是引人注目的焦点，声音和味道才是。

另外，Wilbeck 的所在地是一级商业“战场”，左右两边都是手摇饮料店，因此若设计显眼的招牌，一般过路客反而会觉得与其他旁边的店没有差别，同样都是饮料店，要在这其中突出，咖啡香是很好的“武器”。

1 虽然说只用一块简单的帆布当作招牌，但是门口烘豆机所散发出的咖啡香气，就是 Wilbeck 最引人注目的“招牌”
2 从店门口就可一眼望穿店内全貌

天花板、地板和墙壁的空间放大魔法

墙面亮、天花板深

走进小小的店内，首先会被层次丰富的灯光所吸引，再来会注意到店内稳重的复古工业风氛围。除了装饰用的复古家饰之外，对小空间来说，天花板、墙面与地板更是扮演了左右空间视觉效果的重要角色。

店内天花板用的颜色比墙壁和地板更暗些，可以让本来就不低的天花板更加向上延伸，并将注意力摆在天花板以外的细节上。

而店内的大胆亮橘色墙面，是店内一片深沉稳重色系中的亮眼之处。右面的墙原本是木制隔间，后来批土填平木板的毛细孔，才又再买乳胶漆来上油漆。左侧的文化砖也是买材料来自己简单操作完成的，为店内添加了层次变化。

地板选择的是在一般家具行和木头行很常见的南方松，价格不贵，色调温暖，而且方便打理，很适合用在咖啡店。施工操作时，将地板架高后，位置排好，直接拿钉枪钉好就可以了，既快速又简单，当初 Wilbeck 只花了两天的时间就完成了地板的部分。

1 亮眼的橘色墙面
2 充满古朴气质的南方松地板
3 文化石砖

让咖啡师在宽敞好活动的吧台演出

吧台前只摆不遮视线的必要物品

吧台空间的设计重点，主要是希望能让咖啡师们像在舞台上一样展现帅气专业的动作。咖啡师在煮咖啡时的许多步骤其实都是专业的表演，唯有足够的空间才能让他们舒服地工作，才有办法让他们把动作表现得更有水平，因此对 33 平方米的小空间来说，Wilbeck 的吧台空间占比其实还蛮大的。

在摆放设计上，吧台前避免摆放过多或高大的物品遮住客人视线，尽量只放吸管、糖、奶精、名片等客人需要使用到的物品。另外咖啡机的背面也尽量不朝向客人，采用侧放的方式，如此客人看进吧台，会刚好看见咖啡师在咖啡机前的侧面动作，一切一目了然。

4 客人在吧台外等候时，可以清楚看到咖啡师煮咖啡的流程和动作，以及吧台内的一切

5 Wilbeck 也卖自烘的咖啡豆，因为怕遮住咖啡师们的动作，所以选择不放在柜台，而是放在座位区旁的墙壁的架子上

没有桌子的咖啡店

靠墙沙发提供给客人小歇的角落

Wilbeck 的店铺设计动线是直线式，为了既不阻挡动线又能节省空间，所以不摆桌子。椅子部分则设定为给客人小歇一下的座椅，所以采用矮式沙发和小板凳。

在 Wilbeck 三位男性创办人的心目中，果然还是要有些气氛的营造才更像是咖啡店，有别于其他小面积饮料外带店，在面窄径深的店面空间中，硬是把吧台和收银结账处往后拉到店的最内侧，让出店铺前面的空间供客人走动。里侧靠墙摆几张简单的沙发和椅子，就可以让等候的客人小歇一会儿，除此之外还加入许多气氛感十足的复古二手家具，创造出浓浓的欧式复古风味。

1 门前以装饰为主，吧台位于店的最里面
2 由于店门口就是公交车站牌，Wilbeck 提供小椅子让客人可以坐着边啜着咖啡、闻着咖啡香，边等公交车
3 Wilbeck 店内摆了一张舒适的沙发椅，希望让客人能够轻松地转换心情再出发
4 角落的牛皮椅子和朋友父亲亲手做的小圆板凳，上面印有大写英文字母“W”（Wilbeck café 开头英文大写），而 JOE 是三位创办者之一的名字，颇具意义
5 Wilbeck 店内的复古二手古董装饰很多，每件都是店里的珍藏，像这个收音机就是现在已经很稀有的二手古董之一

用情境灯源制造气氛

不同灯光颜色 + 种类

Wilbeck 利用不同灯光颜色和种类去创造情境式灯源，而主要的灯光来自天花板上的 LED 投射灯，每一面向设计一个投射灯轨道，每个轨道放上两盏灯，好处是可以依照摆设自行移动位置和加设电灯盏数，且因为是 LED 灯，不仅耐用省电，散发出的热能也比其他灯泡少，因此以 LED 白灯为主灯。

接着再依各地方不同的亮度和情境加上不同光源。为了让吧台区咖啡师工作更方便，需要比较亮的光线，就加一个工地常用的超亮灯泡。要创造店内的温暖感，钨丝灯泡微亮的黄光能让暖意立即提升。烘豆时怕太暗，就以壁式台灯在旁辅助，简单又不占空间。多种灯源的辅助对整体气氛的营造有非常好的效果。

1 放地图的位置上本来是一幅画，上面照着挂画的电灯是在一间灯饰店看到的
2 放在门边的烘豆机因为制作需要，需要更强的光源，于是在旁边多安装了一盏灯，以黄灯照明
3 白光通常用来照明，黄光用来装饰，因为其中部分墙面较为暗沉，加上右面墙壁已是黄色调，所以选择用 LED 白光省电灯泡作为主要灯源
4 有年代感的钨丝灯泡一打开，黄光加上明显的钨丝线条，让店内多了份温暖

开放式店门如何降低室内温度

一年四季空调开放

Wilbeck 属于面窄径深的店面，室内完全无窗户，仅靠着一台分离式空调从最里面往外吹，不仅是为了降温，也为了空气流通，必须一年四季都一直开着。在防止冷气流失方面，一开始就加装了气门，但由于发现气门会影响烘豆作业和咖啡豆的质量（烘豆机在靠近门口的位置），因此便舍弃不用，在这样的状态下，冷气散失得很快，几乎只在靠近内侧一半空间的地方能感受到空调的作用。

而最大的问题并非冷气流失，如何让热气排出去才是当务之急。最后老板加购了一台扁平的直立式水冷扇，把热气往外吹，虽然有些改善，但到夏天大家依然热得汗如雨下。怎么办呢？也只能忍耐了。

经营特色 *Characteristic* ×4

POINT 1

咖啡店的客人需要培养

Wilbeck 成立时市场上几乎没有自烘焙豆咖啡店，而 Wilbeck 营造出的“不会让人失望的咖啡”的优势，至今依然存在。咖啡店需要用时间去培养喜欢喝自家咖啡的顾客，如今这几年，越来越多的咖啡店主打自烘咖啡豆，小面积自烘焙咖啡店特色渐渐消失，因此除了靠特色来吸引消费者的喜好，五、六年培养下来的客人数量也是如今支撑店内营运的一大主力。

POINT 2

维持咖啡品质是关键

对于有五间店面的 Wilbeck 而言，如何维持一致的烘焙豆质量是门学问。三位 Wilbeck 的创办人决定，当某一位烘豆师烘出来的咖啡豆质量和口感都较优良时，就会采纳他的咖啡豆比例和制作流程制成烘焙的标准流程去执行，为维持好质量咖啡而努力。

POINT 3

赚钱的店千万不能动

对应到业界上有名的“BCG”管理矩阵，举凡任何商品都有其市场周期，显然，Wilbeck 正属于市场占有率高，产业成长率低的那一种，只要投入少量现金就可以维持目前的市场地位，主要现金收入来源又很稳定，因此虽然竞争开始激烈化，附近更是有来自许多手摇饮料店的有力竞争，Wilbeck 还是可以在台北车站商圈生存得很好。

POINT 4

亲近与快速

无大门的设计本身就比有门的咖啡店更多了份亲近感，少了推门的动作，让咖啡店与街道在某种程度上融为一体，是外带咖啡店的特色之一；另外，因为客人都在等着把咖啡带走，对冲泡速度的要求自然也是店内严守的原则，不然，客人可是会失去耐心的。

布置诀窍

POINT 1

自烘咖啡机摆在最显眼位置

在靠近人来人往的骑楼边，放上一台自烘咖啡机，机器运作所散发出的香气、声音都会吸引过路民众好奇地看上一眼。另外，这其实也是一种建立专业形象的方式，不言而喻地说明了本店的咖啡豆是自己烘培，质量有保障。

POINT 2

错落的手工层架

为充分运用墙上空间，在靠近吧台处，老板们自行组装了错落的架子，除了节省预算外，还兼具了装饰和实用的功能。另外，如此密集且错落的设置，更让原本就温馨的小店更多了热闹的感觉。

POINT 3

集点卡墙

Wilbeck 每一间店都有一面集点墙与客人产生联系，是属于 Wilbeck 的灵魂特色之一。这面集点墙会在客人可以看到及触碰到的地方，让客人把属于他的集点卡贴在这面墙上，下次再来消费，直接在这面墙找到自己的集点卡就可以了，算是一个主客之间互动的小乐趣。

POINT 4

挂画有大有小，视觉有重心

挂画是咖啡店的基本装饰之一，而挂画学问大，有平均挂法、分散或集中挂法等。Wilbeck 采取的是以一幅大画为视觉重心，旁边再不规则地挂上大小不等的画，这种挂法的好处是让人感觉比较活泼、比较跳跃。

（灯光）+（动线）示意图

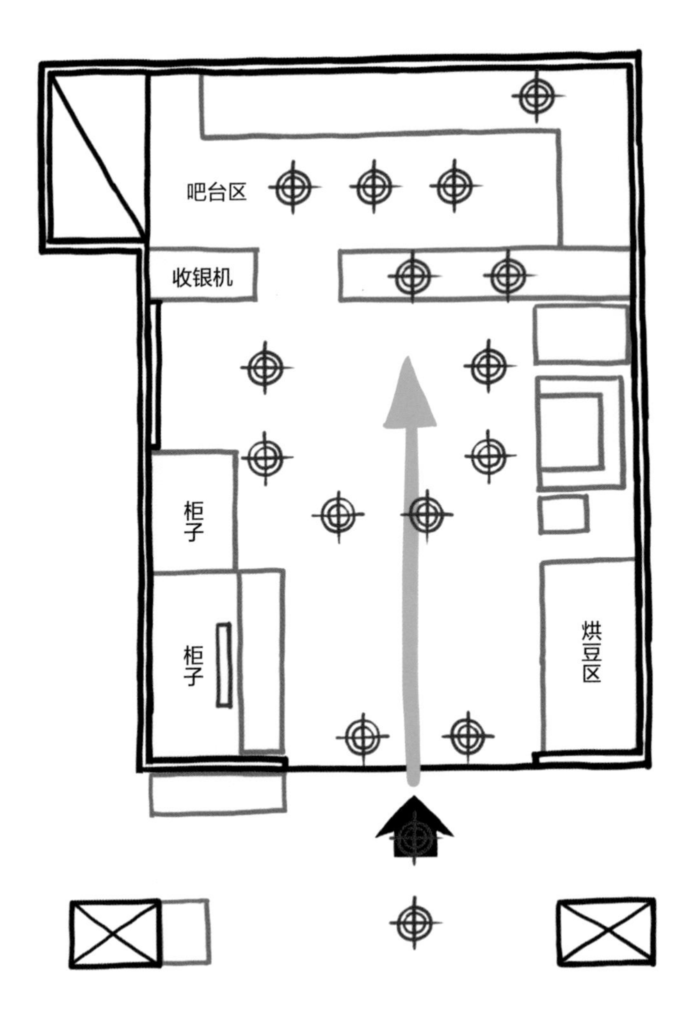

Light & Line Schematic Diagram

不浪费空间的设计法

笔直深入动线

走动的动线为，从门口进来，一条直线到最里面的吧台。对如此小的空间来说，吧台设置在最里侧算是最理想的配置，如此不会有多余空间被浪费，另外，外带咖啡店一般不会设置厕所。

小面积仍要照顾灯光层次

虽然只有 33 平方米的空间，但是灯也不算少，在入门处、作业区以及展示区等处皆配置灯具，让狭小空间因为灯光而层次丰富、不呆板。

水泥、木头呈现主视觉的精品咖啡风

嗜黑

📞 02-8771-9990

🏠 台北市松山区八德路二段352号

🕒 周一至周五10:00-18:00，周六公休，周日11:00-19:00

▦ 饮品、场地租借、甜点、咖啡器具及外带杯

面　　积：50平方米
店　　龄：半年
店员人数：4-5名（皆为正式咖啡师）
装修花费：人民币13万（含家具，不含设备）
设 计 师：创办人（总监）

装修规划 ” Plan

以外带为定位，以吧台为主角，在空间上做减法

嗜黑咖啡以外带为定位，主角就是吧台，因此投资最多的部分就是吧台。然后是等候区和休息区，每一块区域的装修都是依照商业空间的模块化而设计的。

嗜黑咖啡总监黄秀玲坦言，设计上是参考知名导演斯坦利·库布里克（Stanley Kubrick）的经典电影《2001 太空漫游》中的元素，希望能带给消费者一种未来感，因此直接跳过现在时下流行的工业风元素，改以最简洁的风格。同时希望能带给顾客时髦且温暖的生活气息，借用了减法的哲学概念融入到空间规划中，不用金属，仅以木头、水泥等最原始的材料呈现空间感，因此在空间设计上做得非常宽敞。

营运历程 ” Progress

商区外带版精品咖啡，满足上班族的需求

直接由英文“Swing Black CoRee”翻译为“嗜黑咖啡”，可见老板对黑咖啡情有独钟的浓厚情怀，更可以看出这家店的主打商品就是黑咖啡。将自己定位为精品咖啡外带吧，老板企图把多样丰富的庄园级精品选豆研磨成粉，搭配自动化手冲的精准稳定，交织成完美的咖啡滋味。“热爱咖啡的朋友，必将了解精品咖啡有别于商业咖啡，因为每一口精品咖啡都能让人清楚标识出特定产区、庄园，甚至是海拔的高度。”黄秀玲说。

嗜黑咖啡选址之所以在商业区，主要是考虑到主要客户群是上班族，并有别于其他专卖庄园咖啡的咖啡馆的诉求，让消费者尽量以低廉的价格即可品尝到精品咖啡。因为上班族都有外带咖啡的生活习惯，而嗜黑咖啡希望能在外带咖啡方面，也能为他们提供更好的服务。另外，也有一些住在附近比较重视饮食质量的邻居，会常来光顾，为了表达善意，老板甚至在一进门的玻璃墙角规划出一片友谊之墙，拉近与邻居的距离。

1 连招牌设计也简洁有力，仅用一个S代替
2 不同材质相结合的特别吧台
3 一整排悬吊式咖啡机充满科技感

摩登店面，沉稳质感

没有大门就是最好的大门设计

在商业气息浓厚的八德路二段，嗜黑咖啡以黑色、蓝色、灰色等冷调色系及线条图纹吸引了上班族的目光。直接以对外的吧台迎客、无大门的设计使嗜黑与街道融为一体，彷佛在向每个过路人大喊“欢迎光临”一般亲切。而骑楼内外纯黑的门楣压上白色的中英文店名，即为简单清楚的招牌。

由于店面面积不大，因此整个空间设计从骑楼便开始规划，包括天花板的设计，从骑楼一路带入室内空间里，使得整体空间看起来更深邃，有视觉放大的效果。另外，挑高的楼板更有往上延伸的效果。

嗜黑店面用色虽然较重，但是配色与构图的巧妙却有轻盈摩登之感，尤其横挂在骑楼上跳色的红绿彩带，在一片冷调中带来节庆的欢乐，有画龙点睛的装饰效果。

4 整个空间氛围从骑楼便开始营造
5 嗜黑咖啡主打精品咖啡外带吧
6 对每一个到嗜黑咖啡的顾客来说，首先映入眼帘的是门口的大电视墙，那里会不停播放嗜黑咖啡的讯息及冲泡咖啡的方法
7 与店内风格相同的户外广告牌

结合过去与未来

以电影《2001太空漫游》为设计元素

摒弃了金属设计，抛弃了传统咖啡馆设计主调的工业风，采用水泥和木头为设计的主要材质，只为了突显精品咖啡的与众不同。在空间设计上，分割成吧台、休息区、等候区这三大区域。其中等候区有一张超长的牛仔椅子和四张可移动式的边桌。吧台上除了有现役款和古典款两种咖啡机以外，还有一个特制的齐高蛋糕柜摆放甜品。而且吧台区设置的高脚椅，让每一个光临的客人都能感到舒适。

在空间上，也采用以简单为主的设计元素，以空为主，衬托出空间的宽敞，意图让每一个在台北生活匆忙的上班族，能在等待咖啡出炉的短暂片刻，感到放松。

简单的设计，主要是参考了电影大师库布里克的经典电影《2001太空漫游》，对黄秀玲来说，这部电影是她钟爱且值得借鉴的，因此在设计空间的时候，她希望借用这部电影的元素，让每一个进来的顾客，都能暂时忘却此时此刻的时间，而沉浸于回忆过去的时光，以及想象的未来时光中。

每一个设计细节都由黄秀玲亲力亲为地规划，看得出来她对咖啡店每一个细节都以高规格来要求，就如同她对咖啡的高质量追求。而简单素雅的空间设计，就如同不加奶、不加糖的精品咖啡，给人一种放松的空间感。

黄秀玲强调，减法哲学是她的设计理念，以空旷带来的视觉想象，才能让忙碌一天的上班族，感到真正的放松。

1

2

1 在空间上分割成前面的吧台、后端的休息区、墙面的等候区三大区域
2 在灯光照明下，设计简洁的墙上招牌产生阴影感
3 简约风格的深蓝色与灰色为主色调
4 全室的木质装修凸显精品咖啡的与众不同
5 吧台 OTFES 自动咖啡手冲系统以悬挂式设计，极具太空感及未来感
6 回收杯架
7 礼盒及咖啡豆的贩售区

别人不能做的吧台，他们做到了

木头结合水泥的全新吧台

嗜黑咖啡的总监黄秀玲想要打造一个不一样的吧台、一个美学形式上的全新产物，在她的想象中，要打造一个木头与水泥相结合的全新吧台，打破以往咖啡厅的金属设计元素传统。

为了做出自己的想象模式，他们曾求助于室内设计师及两位以水泥为素材的工业设计师，经结构和重量的考量后，最终评估结果为不可行。

然而黄秀玲却坚持自己的设想，不断重新寻找新的师傅来试验，就如同当初开设嗜黑咖啡一般，以“不放弃”三个字当成特色。为此，黄秀玲还开模去调水泥。

从切水泥板、磨水泥、贴水泥、打磨四边修毛边，每一道工序都要耗上两三天，全部加起来也有快半个月的时间。黄秀玲说：“还有一个困难是吧台原先的设计容易断裂，嗜黑咖啡重新请师傅调了将近 10 公斤的水泥粉，但是做不起来，后来再次沟通，把水泥板从 0.8 厘米调整到 1.2 厘米，还要解决采用木头材质而造成的吧台表面的纤维问题。”

嗜黑咖啡实现了别的行家眼里的“不可能”，解决了室内设计师都觉得不可行的事情，成就了自己独一无二的设计。这个回避金属的元素、跳过工业风的咖啡厅设计，也让每一个到访的人印象深刻。

1 吧台区设置的高脚椅，让每一个到场的客人都能倍感舒适
2 等候区有一张超长的牛仔椅子和四张可移动式的边桌
3 墙壁以蓝色系营造简单之美
4 吧台外部的利落竖线线条设计
5 木头与水泥混合吧台，可以看出水泥板上的纤维质感
6 木质桌子嵌入一个“U型”绿色半圆把手，这也是黄秀玲跟木工师傅讨论很久后决定的设计

设计低限化，营造外太空感

看不到任何墙面接缝、插座与冷气系统

为营造出太空感，黄秀玲将空间里的所有切割的线条都隐藏起来，让空间有看起来连成一气的感觉。除了看不到墙面的接缝，长椅也一气呵成，连同插座或冷气空调机都与墙面颜色一致。甚至连空调管线及灯泡的线路，黄秀玲都十分讲究同色系，让它们隐藏起来，使空间呈现简洁有力的设计感。

“连吧台椅及等待区的沙发长椅，也是我跟师傅讨论好久，精挑细选的完美作品。以这个高度坐在吧台，才能放松地聊天。”黄秀玲说。另外连同地板的收边，也是她跟师傅细细考量得出的结果。

1 黑色天花板设计，拉高天花板高度，也使小空间有放大的视觉效果
2 骑楼的天花板设计，也延续室内风格，以黑与蓝为主色做搭配
3 为让空间的视觉统一，连插座都跟墙面同色
4 连空调也尽可能隐藏起来
5 吧台与地板的收边
6 不怕刮的木地板材质，纹路让人感到温暖
7 室内灯是三条纵轴的轨道灯，分别营造沙发等待区、动线及吧台、工作区的照明
8 利用工业风的灯罩设计，营造吧台区局部照明，活跃聊天氛围
9 全室最特别的是在贩售区，以一支夹灯做局部照明，强调产品特色

经营特色 *Characteristic* ×4

POINT 1 咖啡相关杂志提供阅读

店里面有很多与咖啡相关的书刊供顾客免费阅读。

POINT 2 试饮奉茶及咖啡特训班

嗜黑咖啡为拉近与邻里之间的距离，并增加与上班族的互动，不仅会不定时在门口举办咖啡试饮的奉茶活动外，还会举办“嗜黑时光——手冲咖啡入门体验及进阶班”，6人一班，可以跟专业的咖啡师们密切互动，实际操作，还可以带自己家里的壶与杯一起体验。

POINT 3

以外带精品咖啡为主，提高上班族的生活质量

以外带为定位，并以上班族为主要客群，嗜黑咖啡希望为每一个在台北商业区工作的朋友，带来最精致的生活体验，让每一个上班族都能在工作的压力中，体验由精品咖啡带来的美好一日。

POINT 4

不定时提供独家开发的点心

嗜黑咖啡除了庄园精品豆子咖啡外，最让人津津乐道的莫过于其独家开发的创意点心，无论是甜滋滋的布朗妮妮、用小农有机荔枝烘干的荔枝司康，还是柠檬水果派或意大利脆饼（Biscotti），都吸引着附近上班族前来购买，甚至连小孩子都喜欢！

布置诀窍

POINT 1

可以活动的边几

用牛仔布做成的沙发区，是规划给客人休息等待的区域，但考虑到客人的组合及使用方便，因此刻意挑选可以移动的实木“ㄈ型”边几，便于放置咖啡，也可视客人的情况调整位置，甚至在办活动时，也可以变成置物架，十分方便。

POINT 2

外送脚踏车体验复古风

为了搭配空间的太空感及复古风，黄秀玲还刻意去找了复古风十足的外送脚踏车，并将外送盒漆成黑色的，与嗜黑咖啡的形象风格统一。

Light & Line Schematic Diagram

POINT
3

舒适布圆椅增加空间暖调

嗜黑咖啡十分重视坐椅的设计，无论是沙发区的牛仔椅还是吧台区的吧台椅等，均采布制的座垫，搭配木质座架，让人坐起来舒适，在视觉上及触觉上也能感受到温暖。

POINT
4

善用咖啡用具布置角落空间

嗜黑咖啡提供 OTFES 自动咖啡手冲系统，但是本身对咖啡十分有研究的黄秀玲，仍会在店里放置一些她曾用过的咖啡机或器具，使空间更具特色，也突显专业感。而绿色，在这个以蓝、黑及灰为主调空间里，形成温暖跳色。

（灯光）+（动线）示意图

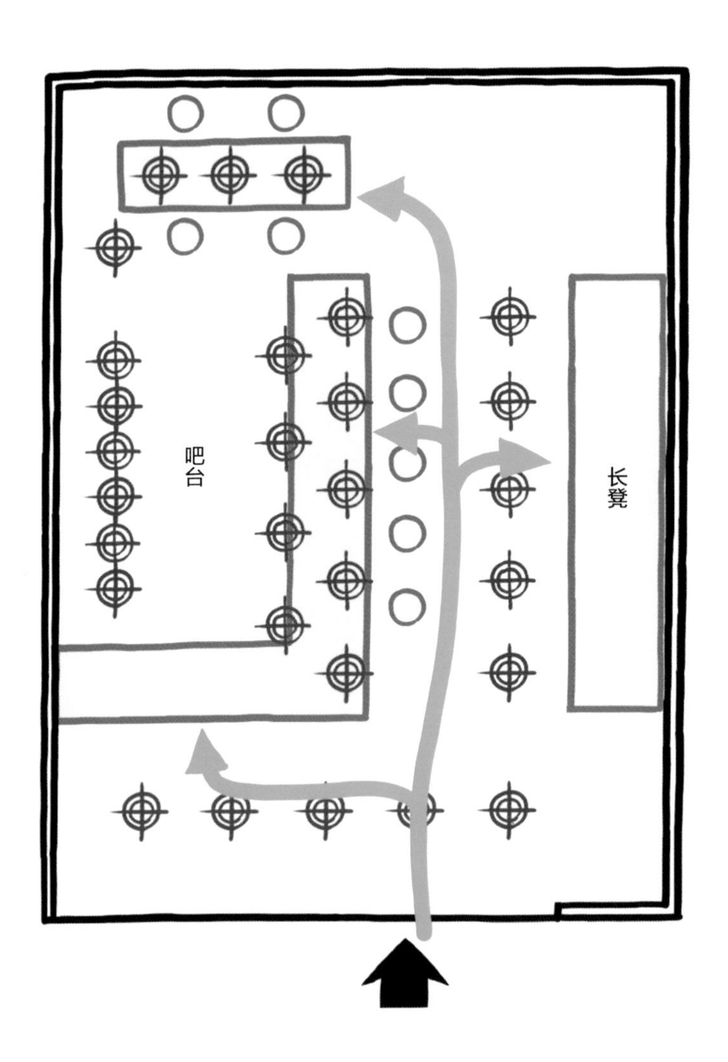

Light & Line Schematic Diagram

先设置主要吧台为基地重点

单一动线

嗜黑咖啡的空间规划十分简单，吧台为主要工作区，其他则为一进门的贩售区及长沙发等待区，以及最里面的休息区。动线也依此规划，形成单一动线。

整排同造型灯光

而灯光方面，主要以轨道投射灯为主，沿着主动线整齐排放，但在吧台及休息区则另外架设了简洁工业风的吊灯，造型统一符合嗜黑的利落感。从轨道灯管垂直而下，增加局部照明，也使现场气氛更为活跃。

锁定一个主题，吸引爱好者上门

猫妆

📞 02-2550-0561

🏠 台北市大同区长安西路64号

🕒 周日至周一、周三至周四 11:30-20:30，周五至周六 11:30-22:00，周二公休

▦ 饮品、轻食、场地租借、咖啡相关器材、咖啡豆、茶类、手工肥皂

面　　积： 83平方米
店　　龄： 17 年（2002 年开张）
店员人数： 2名（不含实习生）
装修花费： 人民币5.5万（不含家具）
设 计 师： 老板

1 热闹缤纷的猫咪空间

装修规划 Plan

沿袭旧装修，加上自己的画作进行布置，省下不少开销

猫妆咖啡老板郑俊国认为自己很幸运，仅用了人民币 11 万元左右的成本就完成了整体装修。一方面，咖啡店的前身是卖健康食品的，留下了几百万的装修成品，像天花板、地板、柜子、屏风隔间都是现成的，木头制品也依照猫妆咖啡老板想要的方式进行了改造。

另一方面，本身是美术老师的老板，自己一手包办了设计师的工作，室内的画作也是他自己的作品，因此这一部分也让他省下一笔开销。而真正有聘请的，只有涉及木工的部分，统统都交给专业人士处理。

营运历程 Progress

开一家用猫与咖啡温暖人心的空间

猫妆咖啡的老板郑俊国笑称，本身是美术老师的他想要开这样一家店，主要是因为自己既喜欢喝咖啡，又喜欢煮菜。喜欢咖啡厅氛围的他，于是打算跟几个朋友合伙试试看，开了这家“猫妆咖啡”。以玩票性质创业的他，没想到，一做就上瘾了，更没想到的是，经营这个咖啡厅成了他主要的工作，而美术老师反而变成兼职或休闲的职业了。

因为郑俊国有养过七只流浪猫的经验，因此开店时便在店里放入大大小小各种关于猫的“信息”，并且取名“猫妆”。其实一开始店内并没有猫咪，一直到经营咖啡厅的第二年，才真正有猫咪进驻咖啡馆，成为名副其实的“猫”妆咖啡。

也因此，不少消费者将猫妆咖啡定位成宠物主题餐厅。但郑俊国心里却很清楚，猫妆咖啡与市面上的宠物主题餐厅或咖啡馆不同，因为这里卖的不单单只是咖啡与猫的慰藉，重要的是那份能治愈人心的温暖。

1 连招牌都是老板亲自设计的，有法国黑猫或宫崎骏电影《魔女宅急便》的味道
2 风度翩翩的猫公爵们
3 猫妆咖啡的台柱之一——毛球，白色金吉拉，10 岁，男生，是只非常友善的猫咪

欢迎光临猫咪奇幻世界

内缩大门与稳重色系

位于大厦一楼的猫妆，以石材门框及黑框玻璃大门，低调沉稳地展现出现代咖啡店的气质。而上方高挂着最显眼的圆形招牌，是合伙人亲自设计的如同宫崎骏电影《魔女宅急便》的黑猫的标志招牌，显眼标示出店内的猫与咖啡主题，并透露出与卡通有所联系的童趣与奇幻感。

特别的是，三片式黑框架轻玻璃门面做成内缩设计，将原本不宽的门面营造出活泼的层次感，也塑造出放大份量的视觉效果。在右侧玻璃面，老板发挥自己的美术功底，打造了一个有趣的场景——一个如同火车车窗般的外带柜台，这个设计在夏天还有通风的功能，柜台下方则是一块黑板，上面写上各种促销信息。

招牌上采用了圆弧曲线的中英文字型，搭配大门上的流线型门把，透露出店内的闲适与放松。

4 拱门造型的大门设计
5 外带区的火车窗柜台与菜单黑板
6 外带区的火车窗柜台
7 门口退缩的设计，再加上拼花地砖，让人有如来到欧洲咖啡馆的错觉

猫咪主题的热闹墙面

白色与大胆红色的拼接设计

走进店内，空间整体色系以白色为主，吧台以及部分墙面以红色做点缀。虽然天花板、墙面和地板充满大量的白色，但是天花板的层次很多，墙面又装饰了大量的画作、照片、宣传材料以及彩绘等，好不热闹，并且，装设的大量嵌灯与投射灯，更让墙面充满表情变化。

最显眼的大型猫咪彩绘，是店内的视觉重点，仔细一看，店内其他地方装饰的饰品、照片和画作等也都与猫咪有关，呼应了店内的主题，对喜欢猫咪的消费者来说这个空间已经充满了吸引力，更别提来往穿梭于脚边的真实猫咪了。

吧台设置在一进门处，店中间笔直的动线两侧分别陈设了靠墙的座位，坐在不同座位的人享受着不同的墙面景致。

1 猫咪画作与摆设的搜集需要时间累积
2 左侧大胆的红色墙面
3 店内桃红色英式风格设计吸引年轻客户群
4 各式各样的猫咪明信片
5 透过猫咪与人亲近，再搭配咖啡带给人温暖感觉
6 昏黄灯光与后方大红墙面映照下的吧台

环保灯具＋侧光

光线舒适宜人

在灯光的设计上，淘汰了大量早期耗电的卤素灯，改用 LED、嵌灯等，这样的灯光改造可以为咖啡店省很多电。上一位店家遗留下来的一些灯饰，还是会尽可能在一些小空间中做到物尽其用。一些地方采用侧光，让灯光不会这么亮，令人更感到舒服。老板说，合理的灯光设计可以减少店内的电费，经营的成本又省了一笔。

猫妆希望打造如爵士音乐 CLUB 般的轻松慵懒感觉，因此光源设定不需要太强，以昏暗为主。但如果有消费者提出需求，譬如需要办公、用电脑等，老板也会贴心地用台灯补足光源。

1 选用LED嵌灯，时尚又环保
2 层次丰富之天花板与灯光
3 如明信片的猫咪小画作，成为空间里最美的风景
4 在某些角落或较大范围的座椅附近，会再架设台灯及吊灯做局部的侧光照明

5 针对猫咪的习性，沙发表面特别加厚布，增加耐抓度
6 有些猫咪画作甚至是老板亲手画的
7 木工设计壁架

装修是一个变化演进的过程

逐渐成形的当代空间特色

在风格调性上，郑俊国强调猫妆咖啡馆是采用一种动态浮动的渐进式变化。“猫妆咖啡本来想要走极简风，但是加入猫的元素之后，为了让大家进来看到的都是与众不同的，开始用一些画作去配合做区分，再搭配上一位店家留下的装修，营造出不一样的感觉。”郑俊国说。

而变动的过程与最初的想法又有落差，因此常常发生，这个画作从这边换到那边，从那边又换到这边，来来回回不下 N 次。另外，考虑到猫咪的生活作息，其常用的消耗品、桌椅等都会大变动，每隔五六年便会重新粉刷油漆，并将沙发布更替。不仅如此，有些小的变动，每隔两三个月就来一次。郑俊国认为，这也算是善用某种现有元素，再重新组合搭配，建构出属于此时此刻的趋势潮流。

颜色搭配的由来

从瓷砖看出历史演进

在颜色的搭配上，为了沿用原有的装修配色，故以这家店最初已有的配色为主，因此，以地板主色黑白作为主轴，加上原木色，以及老板钟爱的红色来打造现在活泼的情境。其中阳台的设计就是为了跟地板的主色调做搭配，在原来空白极简风的墙上，添上彩绘。

比较特别的是地板的部分，这家店铺了好几种瓷砖，记录了这家店前一位老板留下的历史痕迹。为了设计独立空间，猫妆咖啡老板采用了屏风设计，不少喜爱私密空间的客人对此赞不绝口。只有平时不开放的办公室那一区，因为地砖是更像是家庭式厨房的地板，不太能搭配整体空间的装饰风格，但拆掉又要不少开销，因此就直接区隔成一个小包厢当办公室使用。

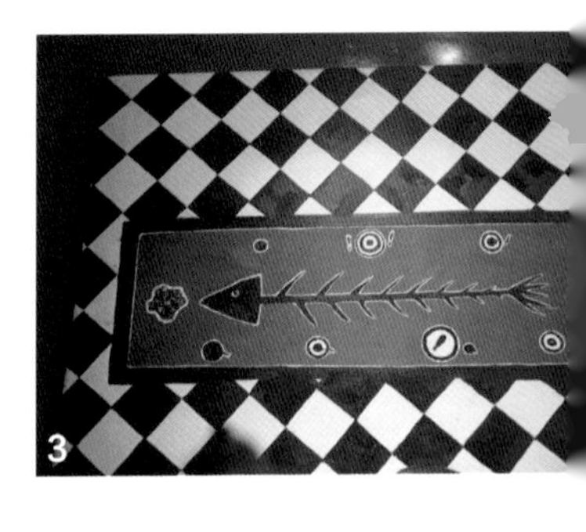

1 地板是前任业主留下来，运用混搭的大理石瓷砖，以黑白加原木色显出空间简约又不失活泼感的特色
2 不同尺寸拼贴的黑白大理石地砖，呈现空间典雅风格，也不怕被猫咪抓
3 嵌入鱼骨的铜板作品，在地板上更显特色

靠背沙发 + 小沙发凳子

增加可容纳数，同时不影响舒适感

老板郑俊国笑称，现在看到的座位摆法是思考过后的产物。

为了达到机动性，老板尝试过无数次的摆法，在不断调整中，才找到现在这种最适合的摆法。老板一开始只顾虑到客人坐得舒不舒服，因此都以沙发为主。但渐渐考虑到现实状况，尤其一到假日，人潮就倍增，所以就需要重新设计空间动线。

老板表示，原本也想过在吧台摆高脚椅，这样在高峰期预计可容纳 30 人，但还是顾及到顾客的舒适度，因而放弃这个设想；拿捏之下，决定改成靠背沙发再加入小的沙发凳子，这样能增加容客量、使客人坐得更舒适，同时在视觉上营造出空间宽敞的效果。

在桌子方面，最基本款式的咖啡桌是 60×60 厘米，但考虑到有些消费者是一人一台电脑或是需要用餐之类的需求，这个尺寸可能因太窄而无法满足他们，贴心的老板想要让大家坐得舒服，直接购入 60×90 厘米的桌子，两个人同时使用都没有问题。

4 猫妆咖啡馆里的桌子是采 60×90 厘米的大咖啡桌
5 舒适感靠背沙发座位
6 小沙发凳子，既能增加容客量，坐起来又舒适

 对猫咪友善的设施

以“猫的家”角度去思考，打造空间主题

这几年宠物主题餐厅或咖啡馆盛行，但郑俊国却对此感到反感，在他的认知里，“猫妆咖啡”不是一家宠物主题餐厅，而是猫的家，“作为人的我们，也要学会如何尊重猫、尊重猫的家”。他希望猫妆咖啡将猫与咖啡完美结合，让来这里的消费者，感受到猫妆这个空间像个电暖炉一般带来温度。

由于一开始猫妆便是以猫为主题的咖啡馆，装修上采取可爱的猫造型的手绘风格，这种特殊的设计，吸引了不少年轻客户群的探寻和尝新。郑俊国坦言，店内主要的消费人口是上班族、都市精英女性，其中25岁到35岁的人口比例最大，占了七成。

在经营的第二年，猫的进驻，也翻开这个咖啡馆崭新的一页。为了突显猫咪，作为美术老师的郑俊国就想到加强“猫”的部分。善用自己美术特长的他，开始用如名信片大小的画纸，画上他遇到过的大大小小的猫咪放在店里当成布置，以便做出自己的特色。而这一块的原创设计，郑俊国表示是独家的，并非其他咖啡厅想模仿就能学到的。

而为呼应这样的主题，从空间设计开始，便考虑到这是猫的家，因此郑俊国在挑选沙发时，要考虑到耐抓度的问题。同时，为了照顾猫如厕的需求并顾及顾客饮食的卫生与观感，猫砂盆的摆放位置都要慎重考虑，而且要做到勤于清理猫砂，此外还设计了两台抽风机一直运转通风，以此促进空气的对流。

1 老板画的猫造型手绘墙，上面贴满大大小小猫咪的画作及客人的留言
2 猫咪才是空间里的主角，这是爱吃鬼胖豆，虎斑米克斯，10 岁，女生
3 黑色米克斯，12 岁，女生，非常爱喝客人的水，还酷爱会发热的东西，例如台灯、笔记本电脑等
4 店内有关猫咪的装饰品

经营特色 *Characteristic* ×4

POINT 1

坚持做好料，客户自然回流

猫妆咖啡讲究食材，坚持做好产品，所以店内的所有饼干及塔派等，全都是手工现做。不但料好看得到，搭配店里特殊的咖啡， 在咖啡豆香及塔饼烘焙的香味相互冲击下，让人待在店里就有一种被美食香气包围的享受感。

POINT 2

打造一个猫的世界

从彩绘的猫到真猫，让想要得到心灵治愈的你，从踏入咖啡馆开始，就能感受到温馨的家的感觉，在与猫互动之后，再喝上一杯新鲜现磨、特别调制的咖啡，吃上一口甜点，一切如同在家一样舒适自在。

POINT 3

不定期举办小型音乐会演出

猫妆咖啡很早就跟手风琴和吉他表演者合作，邀请他们不定期演出，现场的轻音乐，搭配温暖的咖啡，让人能放松心情享受愉快的夜晚。

POINT 4

提供服务最重要——不限时，附无线网络、插座

不像有的咖啡店或餐厅会限制客人用餐时间，在猫妆喝咖啡可是不限时的，而且店里还为客人提供免费的无线网络、插座，若客人在座位上看书觉得灯光不够，还可以加上台灯。

布置诀窍

POINT 1

空间里布满与猫咪有关的摆饰及画作

店内陈列了大大小小来自世界各国的猫咪饰品，从门口开始，就让人觉得彷佛来到了猫咪天堂般，令人目不转睛。另外，老板还将所有在猫妆里待过的猫咪拍照做成画像放在店里作为装饰。

POINT 2

老海报增加怀旧风

老板投入咖啡研究的时间点算是很早的，因此手上有不少关于咖啡的书籍及旧式海报，它们会被拿到店里摆放，以增加店里 20 世纪 90 年代英式乡村风格的怀旧风情。

POINT 3

贴满猫咪明信片

在猫妆咖啡店里的一面墙上，贴满了来自各地有关猫咪的明信片，或是老板早期手绘的猫咪画作，久而久之成为店里很明显的特色，成为吸引目光的主题墙，跟客人产生了互动。

POINT 4

用黑板手写单品咖啡呈现手感风

空间里大量运用黑板把菜单用手书写在上面，透过不同粉笔及字体大小，呈现出空间的人文风格及温度，让空间增添有趣变化。

（灯光）+（动线）示意图

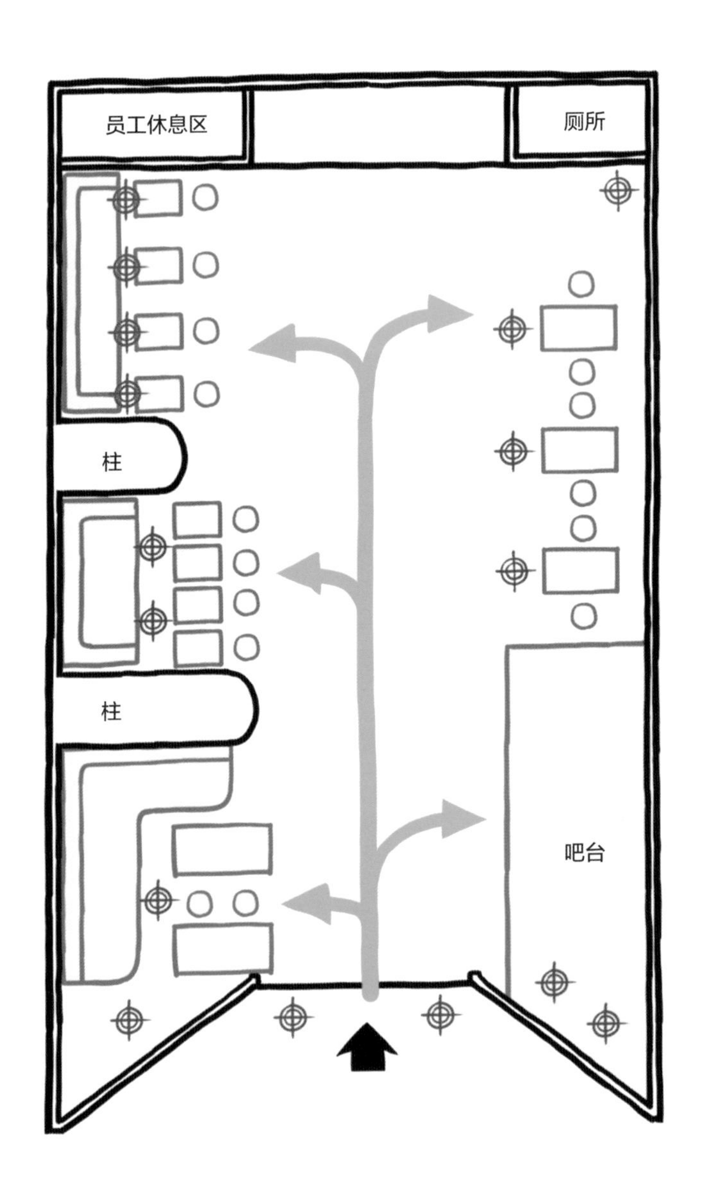

Light & Line Schematic Diagram

大门内推的长形基地

笔直动线

座位都靠长型基地的两侧摆放，是最节省空间又能提升座位数的方式，虽然老板喜欢不定期更改座位陈设，但是基本上中间动线不会改变。

一桌一灯源

全店灯具以嵌灯和投射灯为主，并没有抢眼的造型，而以功能为主。除了门口和吧台外，配置为一桌一灯源。

异材质混搭内部专修，让店面更有个性

ODD（已停业）

📞 –
🏠 –
🕒 –
▦ 饮品、轻食、场地租借、甜点、餐点

面　　积： 11.5平方米
店　　龄： 半年
店员人数： 2名（不含实习生）
装修花费： 不详
设 计 师： 老板

1 停在店外的铁马是隔壁庙公赞助的，ODD 正在进行绿色美化施工

装修规划 *Plan*
渐进式装修，分段式实践

同样是从事品牌视觉设计又同时爱喝咖啡、爱跑咖啡店的夫妻，因缘际会之下，将离家步行仅三分钟路程的咖啡店盘下，并成为他们实践想象力与创造力的场所。

店主夫妇接手经营不过半年，认为还有许多细节要通过修整实现，比如老板娘想要把落地窗改为更有木质感的半开式墙面，墙面可以用大海报与黑板漆相结合进行进一步设计，外墙面也想要用木片包裹，让木质感更突出……许多改变的想法在脑海中酝酿，却因为事忙及外墙施工的困难度而一直拖延着。“其实咖啡店老板真的挺忙的，目前只能先从环境绿化着手。”而这样的装修方式除了能减轻预算压力、有更多时间考虑如何设计之外，也让旧友新知更期待 ODD 未来的进化。

营运历程 *Progress*
从找工作室莫名成为咖啡店老板

老板与老板娘本来没有这么早就担任咖啡店老板的规划，“起初只是想要找个工作室，有个能跟客户开会的空间就好”。

“ODD”既是“异数”也是“艺术”的谐音（台湾地区的发音方式），因为盘下这家店是意料之外的“奇遇”，没有心理准备，老板夫妻认为以此为名再合适不过，ODD 咖啡便由此而诞生。依照原本工作室的构想，他们在店里架设投影机方便操作，却也保持以前咖啡厅的个性风格，让“客人”成为咖啡馆的主角。

“来店里的客人年龄层都在 25-45 岁，其中有艺术总监、补习班老板、长笛老师、武道馆馆长、上班族……还有台商每次返台都会携家眷过来喝咖啡，这里就像是大家的秘密基地！”

1 小而圆的招牌设计是大楼规范要求内的格式风格，以黑白作为设计主调
2 恐龙玩偶意外地与 ODD 装修搭调
3 吧台区高脚椅

现代简约时尚魅力

白框×清玻璃的透明印象

西安街一段是条宁静的单行道，偶尔经过的公交车，缓慢的生活步调，让这家开在新大楼下的咖啡馆显得时尚又温暖。黑白灰组成的现代感遮阳棚简洁利落地压上店名，透过清玻璃就能将内里一望而尽，正中央的拉帘上投影着店里最近的主打餐饮，彩虹吧台是店里最多彩的焦点。

室外的载货脚踏车与轻便户外桌椅线条纤细，给人轻盈优雅的感觉，而拉开略有份量的侧拉门，店里微暗的灯光与老板娘亲切的招呼便让人备觉温暖。感觉不管坐在室内或室外，都可以边喝咖啡边欣赏对面公园的清新绿意。

4 简单的户外桌与一旁植物盆栽交织出悠闲气氛

5 在新大楼下低调经营的ODD咖啡
6 醒目的吧台与《星球大战》中的白兵在门口迎宾
7 老板娘在玻璃上的Q版手绘让清玻璃窗热闹起来

11.5 平方米的精致迷你空间

色彩营造惬意与童趣

11.5 平方米的店，小到一进门就能将全店一览无遗，但活泼的色系与陈设让人感觉此空间充满生气，在视觉效果上比实际面积更宽敞一些。

老板通常自右侧的小桌子起身，为第一次光临的访客介绍咖啡与餐点。吧台桌脚是一条条漆好颜色再被钉上的木片，成为吧台难以忽略的特色，与点餐区摆放的锅碗瓢盆相得益彰；店内面积不大，光是吧台区就占了将近 1/3，搭配高脚椅的大桌如果坐了人，势必要侧身才能通过，但也正是因为这样，让人势必要开口沟通，也无形间促成了大家相互结识的契机。

门口右侧的“秘密小桌”是老板的御用席，也是老板亲手打造的工作桌，结合上掀式冰箱形成“L 型”，与所有座位保持一定的距离，让暂时不想开口的客人保有舒服的自处空间，当客人有需要时也能马上支应，是老板对客人所表达的小贴心。手写的菜单、举目所见的商品快讯全出自老板夫妻手笔，还有 ODD 的吉祥物北极熊以海报、棉花糖、电源盖等各种方式呈现，小细节里隐含童趣。

1 点餐区摆放的可爱杯皿既有实用价值，又让人看起来赏心悦目
2 吧台与大桌相连，彩虹桌脚在单纯的空间中特别突出
3 结合上掀式冰箱的老板御用席
4 每张桌子上都放着精致小玩具
5 迎宾的白兵其实也是老板的玩具

收纳取舍

锱铢必较的空间细分法

承袭前一家咖啡店的部分装修，最后老板夫妻选择留下彩虹吧台与室内桌椅，将店内两侧的储物柜拆除。“我们需要简洁的空间感，让空间更舒服。”虽然有落地清玻璃拓宽视野，但狭长的 11.5 平方米的空间里，收纳是必须面对的挑战。“我们重整吧台与长桌下方的储藏空间，利用明确的间隔将物品归位，尽量不在桌面堆放物品”。

吧台区后方分割一小块摆放长形的收纳架，料理的调味品也在其中；运用缝制了多个口袋的布帘作为储藏空间的隔屏，一来透气二来也可在袋子里放置工具。最后，选择少量购买食材的方式降低库存空间，虽然因此提高了成本，但却令空间更为舒适！

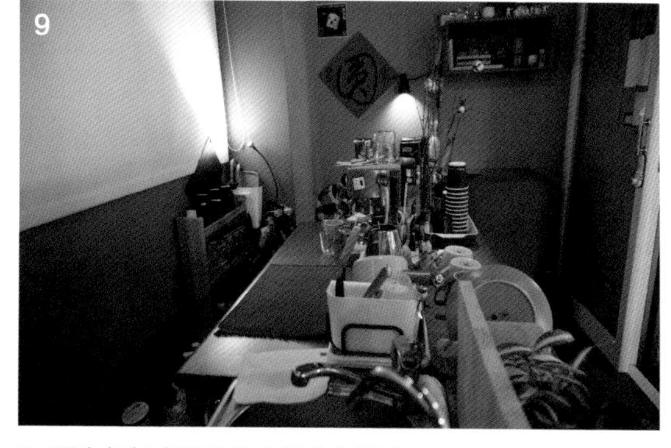

6 吧台与长桌下方的收纳有条不紊
7 有条理的摆放让物品呈现自身质感
8 为了争取有限的空间，连墙角都用于收纳
9 与一般咖啡馆相比，料理吧台因为面积的限制更显迷你，但依旧例行简约的原则尽量将物品精简化

简单空间，配色更需经典

现代时尚与暖感木质的发酵

让空间更舒适的另一个重点在配色。老板由衷喜爱黑、白、灰的低调质感，因此选择粉刷灰色的壁面与深灰色的天花板，配上白色窗帘突显吧台桌脚的多姿多彩，而 3.6 米的挑高让小空间得到延展，没有压迫感，因此不考虑繁复造型的天花板设计，只是也因此放弃了大吊灯的悬挂计划，改以简单造型的小吊灯为主。

窗帘是既有的装修，不仅方便投影设备的使用，也成为会议时间外的广告墙面，色调的温润让人倍感亲切的木地板及吧台木桌，与灯光共同让整体空间的暖调得到加分。

1 灰色与木质的融合，让空间稳重不失温暖
2 深灰色天花板降低自身的存在感

室内桌椅延伸的调性协调

户外桌椅的选择之道

店内的桌椅多属于之前的老板，由于符合空间调性而留用，加上一些花草点缀，让木头更有生气。延续室内木桌面铁椅脚的设计元素，老板夫妇在网络上寻觅良久才找到室外空间的桌椅。“一桌两椅是当初就决定好的模式，除了造型简单、设计元素里外搭配外，因为我们每天都要收桌、摆放，势必要兼具好收纳、可折叠的特点。”

户外选择小桌面是考虑到运用的灵活性，方便实时收纳、并桌，如果没有找到这组桌椅，老板也曾经起心动念要自己手工制作适合的款式，节省预算外更符合需求。

3 由于外墙不便随意变动，改摆放与吧台桌脚相同设计的木板美化墙壁

经营特色 *Characteristic* ×4

POINT 1

ODD 骑楼音乐会

因神秘的六度空间理论，老板夫妻穿针引线，将卧虎藏龙的客人们逐个串连引荐，开始举办小型的讲座或是音乐聚会，让客人在这里大方展现才艺，可以唱流行歌曲也可能听到《图兰朵》，一切都充满着未知的惊喜。在这个小小的空间里，人与人之间互动沟通更形热络，也让互不相识的客人变成好朋友，让友情随着 ODD 的咖啡香萌芽茁壮，是当初踏进 ODD 时你所想不到的额外收获！

POINT 2

今天有什么吃的？——无菜单料理

在 ODD 里，大部分的熟客进来往往劈头是问“今天有什么吃的”，连看菜单的工夫都省略了。店内菜单更换的频率甚高，有美式汉堡、德国猪脚、热狗堡、熏鲑鱼、贝果等各种餐点，随老板心情而有不同的变化，刚开业时还卖过牛排跟鸡腿排。

老板有时也会满足熟客的异想天开，端出客人指定的拉面，宛如日剧《HERO》中的酒吧老板上身……更厉害的是得到的评价都很高，最近老板夫妻还在研究深夜食堂版的豪放料理，让人充分领教无菜单料理的喜悦！

POINT 3

绝对 ODD 咖啡

主打手冲咖啡的ODD咖啡品种极少（只有3–5种），也看不到常见的巴西、曼特宁，全是因为老板夫妇秉持着平面设计者的精神，无法接受一成不变，因此总以非主流咖啡豆挑战客人的味蕾，但意外的反应颇佳！不管是浑厚偏苦的“黑贝比”，还是有清爽果酸韵味的“小男孩”，随着时节、气候、烘豆师的不同，自有不同的层次感受，也让爱尝鲜的客人很上瘾！

POINT 4

老板娘认证甜点

爱做也爱吃的老板娘口味极刁，为了搭配店里的咖啡，吃遍多家知名糕点店及工作室的蛋糕，才选出适合的几款，为求新鲜的口感，只能不定期供应给运气好的客人，像是备受瞩目的起司蛋糕只要在“脸书”上写出到货，往往在一两天内就售罄，不喝咖啡的客人心目中应该悄悄地把ODD界定为一家卖咖啡的蛋糕店吧！

布置诀窍

POINT 1

小物品大功效——价钱不是重点，要会挑

经过老板娘精心挑选的餐具，摆在木桌上非常上相，有的所费不赀，有的还要排队去买，但也有从隔壁市场的十元商店淘来的好物，有这些可爱配饰佐餐使得大家食欲大开。

POINT 2

趣味彩绘触摸你的心

ODD 乐于在室内妆点小细节，带给大家秘密的惊喜，可爱的彩绘就是其中之一，除了让环境活泼，也让空间整体看起来更细腻，令人会心一笑。

Light & Line Schematic Diagram

POINT 3

用描图纸或硬纸板包覆光源

为了避免 LED 灯刺眼，可用描图纸包一圈柔光或是用硬纸板包覆光源，如此便能让光源集中，不致于过亮。喜欢手工的老板，连挑高的天花板轨道上的灯具也用相同的方式处理，从而更能维持预设的微暗环境。

POINT 4

喜好与实用并陈的童趣装饰

ODD 虽然是现代简约风格，但在色彩上饱含童趣，不单是因为老板夫妻童心未泯，也因为他们真的有个宝贝小孩——传说中 ODD 真正的“老板”，他可以随意在清玻璃门面上涂鸦，跟所有访客分享他的艺术大作。

他的防水围兜、乌克丽丽都是会议投影墙上的重要摆饰，并且随时会拿下来使用，老板娘认为 ODD 既然是 ODD，出现什么都不违合，也让许多妈妈族心有戚戚，令 ODD 成为不只是一个人、一群人，还可以是亲子共赏游乐的店。

（灯光）+（动线）示意图

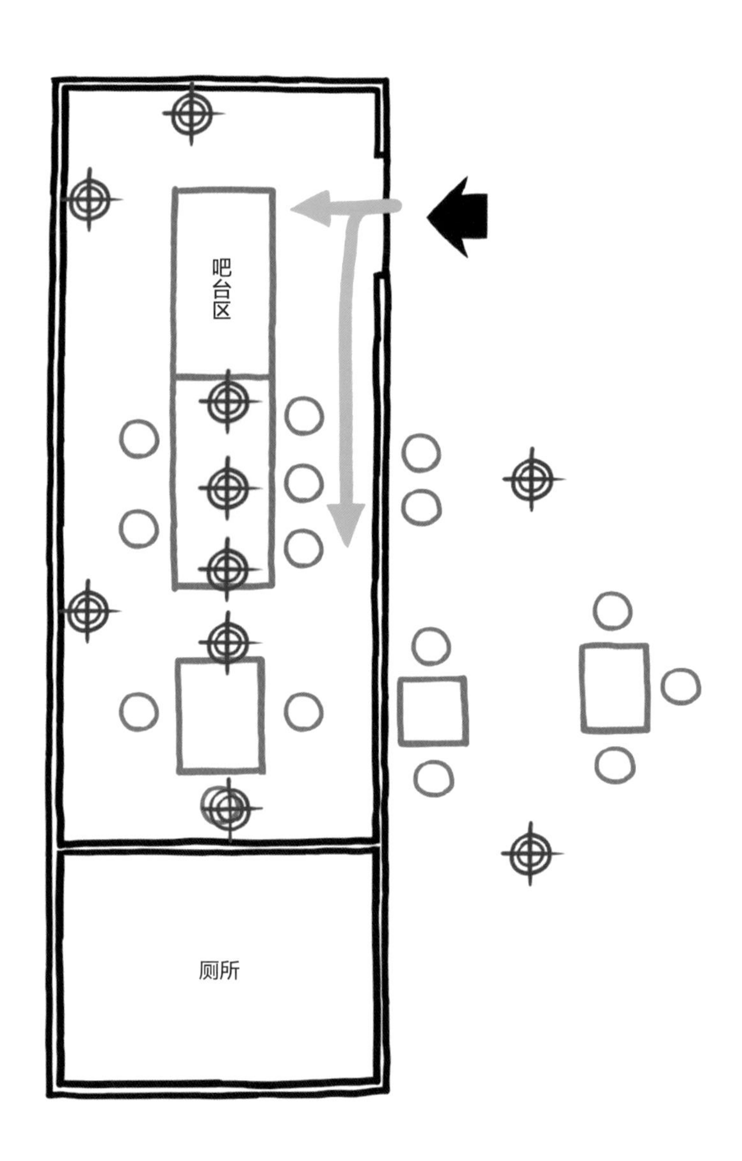

Light & Line Schematic Diagram

面向落地窗的狭长基地

室内室外超过 10 个座位

狭长型的店面在入门后直接面向点餐区，顾客点餐后可选择左侧的长桌或独立小桌区，或是在门外的户外用餐区用餐，动线单纯，视线全无遮蔽。

光源打墙上营造气氛

在黑、灰、白的空间，店家选择以柔软的黄光为主，并将招牌灯的内里都改为黄光，夜深时看起来更温暖。由于空间小，各桌椅间距离很近，因此选择以营造气氛的方式将光源打在墙壁上，如同小酒馆的微暗，让客人感觉放松。

CHAPTER

迷你咖啡店成功运营法
连锁而不复制

Business know-how of the mini cafe

选址、商品规划、设计与经营、营销包装……
小面积咖啡店与一般咖啡店在经营方式上有何不同？
达人不藏私，分享小成本咖啡店经营守则，
新手经营者要看，
想发展事业的经营者更要看。

KUANTUM
KAFE
DRAFT BEER
non
ACCESSORIZED
coffee
demands nothing
to drink by itself
a hug in a mug
yourself
better
never
taste
Relax...
COFFEE is

POINT 1 梦想经营咖啡店的三大错误观念

错误1 经营一家咖啡店就是时间自由、工作悠闲！

咖啡店是创业，不是退休生活

咖啡店的生命周期，已经从传统的“一年魔咒”快速下滑到“半年生存期”，所有的设计、规划、营销策略在半年内就会发生改变，如果不用心经营，很快就会被其他新开商家追过。那么，在进行规划时，要如何让店活下来？

- **必须有时刻创新的营销想法**
- **身为店主，必须成为推动人与人之间关系的桥梁**

迷你咖啡店的确可以做到成为连锁品牌，请不要当成退休事业来做。

错误2 开店是实现店主的梦想

以“人”为本

迷你咖啡店的创业者多半有点小资情调，但想要不被新的竞争者追过去，真正的致胜关键只有一个字——“人”！

这个“人”不是指想开店的你，而是你即将面对的区域中的“人”。他（她）们是谁？怎么生活？消费习惯是什么？期待什么？这种关心“人”本身的思考模式，打破冰冷的数字，让你能贴近人群，创造出你的店面特别人性化的层面。

错误3 迷你咖啡店只要开对地点，就不用担心人流与经营！

光是靠地点，很快会面临价格战

人潮与地点的确可以减少新店的财务压力，尤其是对于迷你咖啡这种兼顾“座位 + 外带”的商业模式。只是现在咖啡哪里都能买到，差异化只能发生在价格方面，当价格都一样时，那该怎么办？随时都有竞争者出现，唯有“给予目标群体更好的服务模式”才能避免价格战。

Kuantum咖啡

猫妆咖啡

ODD咖啡

POINT 2 迷你咖啡店创造“品牌”法

Q 迷你咖啡店无法创造品牌经济？

重点1.迷你咖啡店的价值=品牌特色

在创业的讨论过程中，首先要讨论的是商业模式，进一步解释就是：这家店在该城市区块，想创造什么样的“经济价值”？

确定经济价值后，就可以加入目标群体需要的“功能和活动”，接着再思考客户端和服务端的流程，以上四个阶段都确立后，才开始进行室内空间的规划。众多的细节堆栈出你的“价值型定位”，就能成为“品牌”。

重点2.颠覆“先角色后价值”的传统思考法

传统的开店创业都是先想象开店时服务的内容（是给人吃还是给人喝，是便宜的还是优雅的），然后等业绩来证明店的价值。

但是时代改变了，如果你希望自己的店相比于别人的有明显差异，必须先从“价值型定位”来思考。

价值型定位解释为：一家店代表一种“价值”，而不是光担任一种“角色”，定位好价值后才会有新角色。价值更必须是从“人群”出发，看出当地人缺少什么，才能寻找到价值所在，才能产生和别人不同的独特性。

> ● **思考练习：**
>
> **附近店家在做什么？**
> **你对人的认可度是什么？**
> **隐藏层面的经济价值有什么？**

重点3.连锁而不复制=迷你咖啡店的新品牌精神

在前面的思考中，希望你创造周边环境的软性价值，不光只是咖啡本身，这样才能让品牌加分，因此在整个创业的战略方面应该思考“如何产生长效回响”。

所谓的长效回响是指，因为产生了一定的文化价值与存在价值，店能够长久地经营下去，当长效回响得以实现之后，就是品牌建立的开始。

图片提供：虎记商行

案例示范 CASE

虎记商行

在这个曾经是高级文教区，但现在破落不已的区域，欠缺一个让居民休息聊天的地方，所以虎记的座位以沙发布置为主，价格超过人民币33元的咖啡，反而使邻居也会过来消费（公教人员是台北市生活优渥的一个族群），因为他们需要一个既和他们时代接轨又有旧时代美好感觉的空间。

POINT 3 迷你咖啡店的选址

Q 我该如何判断理想的开店位置？

基础地点：尽量找人多、具有集聚效应的地方

规模小的迷你咖啡店不能以店内座位数作为来客数的指标，而需以人流量大的外带市场为主。

❶第一步当然就是找人流量大、交通方便、有公共交通、好停车、容易被发现的地方，例如上班族会往来经过的位置。

❷另一个选址原则就是找有集聚效应的场所，如展览会场、市集、观光地区等。

若符合以上条件，那就是一个不错的开店地点，光在这一点上就可能有别人难以超越的优势，最起码在初期经营时，营收压力比较小。

与模块化的连锁店比起来，迷你咖啡店从第二家店开始，可以自由跟随地点来调整，反而比连锁更灵活、有特色。

进阶型：满足价值的区域选法

这是锁定区域、反过来满足区域内的人群特性的想法，个性化与特殊化的要求高，对咖啡的质量要求也会比较高。不管店址是在观光地区还是社区，在显眼的路边还是效果更好。

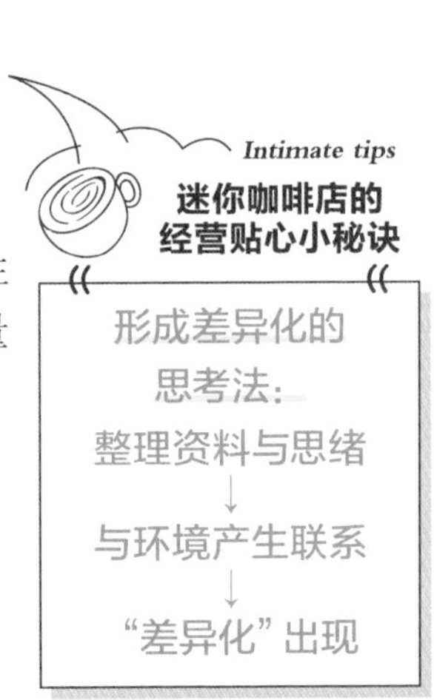

环境人流调查法

实地访查绝对是必要的行动，因为要通过量化的方式，找出你的咖啡品牌切入点。

❶消费市场调查

首先要分成平日与假日，白天或晚上等不同时段的抽访；其次是了解该区域其他店家的情况，除了上网搜寻资料，最好是通过与当地人或陌生人的交谈去更加深入了解该区。

观察面向包括：该商圈或地区的消费倾向（含价格、种类、消费时间、消费模式等）、同类店铺分布状况、人流组成、租金；同时与自己心中想开的咖啡店的资源和优势做比较，看是否能够符合该地区的消费需求并创造优势，赚取利润。

示范案例 CASE

握咖啡

选择位于旗津渡船口斜前方，连游客排队搭渡轮时都可以看见店面，可谓在人流集中之处，大大增加了曝光度。

咖啡店主　赖昱权

- 握咖啡经营者，本职是视觉设计师，却从吧台手做到咖啡世界冠军
- 2014 年WCE 世界杯咖啡大赛烘豆冠军，自创握咖啡、cafe 自然醒、coachef 等咖啡品牌
- 多次受邀演讲，传授咖啡知识

图片提供：握咖啡

图片提供：握咖啡

❷量化人流——计数器出动

在确认要将咖啡卖给谁后，就可以观察人流量，最简单的方式就是准备计数器。

针对“可行名单中的店铺”，在上述提到的不同时段选一个固定地点计算人流量，得到的会是最直接的量化数据，较为准确可靠，对未来经营者来说，能避免遇到经营了一段时间才发现可能周末及假日完全没有人流的窘境。

群体的行为调查——触发更深层思考

如果是在上班族的办公区营业，只是“装修美一点”或“餐点稍微好吃”的店，工薪群体不会常常来消费，因为毕竟会比正常午餐贵一点。如果你还是坚持开这样的店，最好的方法应该是换区域经营；除非是有品牌的店家，那样情况可能就不太相同。

你能成为品牌吗？能存活吗？你能创造存在的价值吗？

成为“品牌”的关键在于，要满足群体的需要！

花疫室咖啡

> ●思考练习：
>
> **选定的区域消费群体是什么？**
> **上班族中是普通的销售人员多，还是白领高管比较多？**
> **他们需要的是什么？**

案 例 示 范 CASE

只凭观察附近建筑物就开店的下场

曾经有一个商家开在住商混合区的巷子内，附近建筑物有办公大楼也有公寓住户，租金也很便宜，店主没做市场调查，就急急忙忙地租了。

开始经营的第一个月，店主发现晚餐时间没有人流，于是从第二个月开始试着周末假日的白天时段经营，结果竟然也完全没有人流，没想到看似有上班族也有住户的区域，竟是单纯“上班区”，店主至今已经经营三年，却还是处在只能勉强付出薪水的阶段。

POINT 4 空间设计——风格形象、动线与桌数

Q 要跟随现在流行的风格来设计空间吗？会不会因为风格不同而面临关店风险？

咖啡开店风潮在亚洲退得很快，事实上全球热爱咖啡的风潮还在往上推升，这种反差的原因在于一些开咖啡店的人没有将“品牌”当作创业策略，店主往往一发现收入不如预期，就纷纷关店。

迷你咖啡店绝对可以成为品牌，关键在“连锁而不复制”，当你确定自己的“环境价值”后，就可以开始进行室内设计规划了。门面怎么行进、吧台、等候的行为、光线、空气、声音，都是基本的条件，最后还要考虑和周围环境的协调性。

法尔木咖啡

基础型：迷你咖啡店可以做成任何风格

迷你咖啡店因为先天的限制而无法确实呈现需要气势的欧式古典风，或是小物很多的杂货风，想要做成什么样的风格，还是要考虑老板的喜好及形象包装的策划等相关因素。

●符合当时大众潮流——目前工业风是主流

现有市场上的迷你咖啡店装修，还是以工业风这种较简单、没有太多繁复装饰与考究语汇的风格为主，一方面预算比较好控制，整体维护较容易，一方面也赋予了小空间比较开阔的放大感，但是像复古风等较有特殊个性的装修也不算少见。

未来五年，从住宅设计延伸出的 LOFT 风格，会是台北大小咖啡店的设计主流，灯光与材质无需太多设限，活动式的家具简单、易维护，风格以陈设展示为主导。

简单就会开阔

如果要以“放大”空间为设计重点，可考虑以系统家具为主的“无印良品”日式风格，颜色转为明亮印象，透明落地的玻璃、洁白的空间，会让人在视觉上开阔许多，尤其当阳光洒进室内，能为小面积咖啡馆带来轻巧感并且舒缓压迫感。

深度型：“型格”非风格→连锁而不复制

“型格”指的是空间质感模式，而非传统的风格，这是根据场所本身的要求，去达到某种“风格”，拥有这种有特质的风格，才能够成为品牌。

举例来说，活动形式、共享空间、善用互联网的优势，全部都会影响到空间设计，每个安排好的步骤都是在为品牌积累客户的好感。

案 例 示 范 CASE

闻山咖啡成功将小咖啡店发展成连锁店

有30年营业经验的闻山咖啡，目前共有三间店。尽管分店的主要销售项目略有不同，但是在店门口设计上，仍然维持一贯的绿色涂刷与门框轮廓，拥有强烈印象，让喜爱闻山咖啡的客人走在街上一眼就能辨认出来。

照片提供：闻山咖啡永春有猫店

示范案例 CASE

连锁咖啡店
连锁店以现代与工业风基调为主

在现在台北的小型咖啡市场之中，连锁式店家的装修设计特色多以现代与工业风基调为主，连锁顾名思义，同品牌下每一间店的设计风格与形象包装都是一致的。

1 / 85度C：

取名来自“咖啡在摄氏85度时喝起来最好”的意思。强调商业、快速、便宜，风格的设计以甜蜜、幸福感受为诉求，以简单、现代风格为主，店内座位数安排，则视地区性而定，繁华、热闹的都会中心，座位数较少且开放空间多，并偏向于外带的客户群体。而在城市周边区域，则规划室内座位区，满足洽谈公事或聊天的消费需求。

2 / cama café：

特殊鲜黄色的标志、可爱形象的cama baby公仔，带给台北市骑楼内一点文艺性质的沉淀氛围。店面摆设着所有烘培器具，飘散而出的浓郁咖啡香，让人能顺着味道轻易地发现cama。店内以实木的沉稳质感、厚实的颜色为主的LOFT风格设计，提高消费者对于店面的辨识度。主打外带外送，室内坐位不多，善用每一个设计表现，来发挥每一平方米带来的最大效益。

3 / LOUISA COFFEE：

提供舒适的座位区，同时标榜平价、快速的咖啡外带，风格上较偏向美式工业风格，店面规划上也较为细腻且有序，多了些图像式的视觉效果和艺术文化，既有咖啡也有各种茶饮，更便利地为消费者提供平价美味的早午餐。

照片提供：cama 咖啡

照片提供：LOUISA COFFEE

默默提高翻桌率的秘诀：尽量不要用盘子

如果想尽量缩短客人占用位子的时间，贩售的商品尽量不要用盘子装，也就是说，需要用盘子装的商品就不要卖。实际操做时，例如小饼干商品用可爱的纸盒或纸袋装给客人，这样可以暗示客人“现在就可以马上吃掉”。

硬体装修费用分配比例

以 50 平方米以下的迷你咖啡店为例，装修费用多半会压在人民币 11 万元以内，之后因为采购家具最多可以达到人民币 18 万元，因为坪效与成本回收，不会再提高了。如果以常见的人民币 2200–4400 元 / 平方米，甚或更便宜的每平米的装修费低于人民币 2200 元，装修的项目不外乎是大海报、PVC 地板、天花板喷漆处理，柜体多被用来隐藏管线线路，第三项就是既有设备与作业平台的构制与规划了。

在家具的选择上，尽量不要以一个总预算来规划家具的采购，应优先考虑希望店内呈现什么样的风格、单品的设计感与是否符合人体工学等。例如，人民币 6600 元可以买到 10 把坐起来不怎么舒服的椅凳（人民币 660 元 / 把），但在让消费者坐得舒适的考虑之下（也不至于久坐不走），或许可以在预算内改成采购人民币 1300 元 / 把的 5 把具有设计感的舒服坐椅，若纯粹以预算取向来思考，很有可能使店内的装修质感流于平凡。

Intimate tips

迷你咖啡店的经营贴心小秘诀

该自己张罗还是请设计师规划？

为了节省预算，越来越多的人尝试自己设计或自己动手做咖啡店装修，一方面现在信息取得方便，从网络、书籍杂志等处都可以搜集到各式装修风格参考图片。

但是除了主观的美观标准外，更多的细节，例如采光的合理配置、动线的安排、空调与空气的设计等，由专业设计师来执行是比较妥当的。

玩味咖啡

Kuantum 咖啡

Q 基地形状不是越方正越好？

常见迷你咖啡店的基地形状，大部分是长形与方形，但因为面积不大，在挑选座落的基地时，反而也可以考虑挑选一些有特殊形状的基地。

不规则基地变劣势为优势

一般人认为基地不规则会浪费许多面积，所以多半会改选择矩形，或至少趋近于方正的基地，当空间方正时，就会想将每一寸面积都换算成为可以赚钱的座位区，相对就失去空间特色！

如果遇到面积特殊的情况，反而可以很自然地创造出一些角落，如果空间内有一个楼梯下的空间，在小型咖啡店中制造出难得的氛围与景况，它可以是杂志区或阅读区，甚至创造出“开放型的包厢”。“L 型”的基地，因为拥有两个对外的向阳采光面，优于矩形的单一面宽。

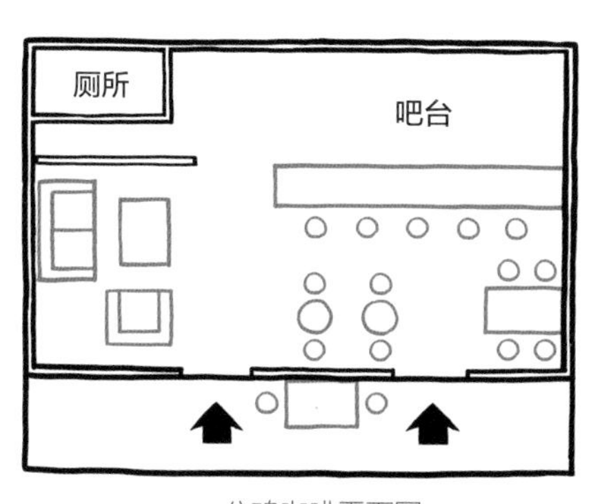

公鸡咖啡平面图

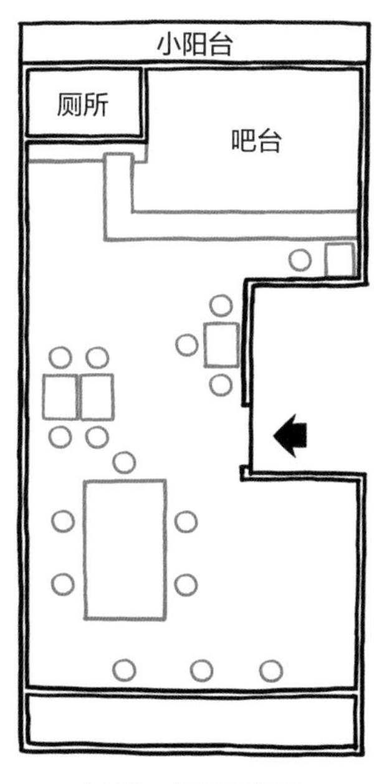

ichijiku 咖啡平面图

建议选择“面宽>深度”的店面

另外，咖啡店应该要在意的是面宽，而绝非深度。以 50 平方米大小的店面来说，最佳的面宽做到 6 米，绝对非常好用，但是一般多会只有 4 米的面宽，这样室内深度就会太深，光线无法到达最里面。

建议大家选择基地形状时，面宽大于深度，才能使室内拥有最佳的采光与空间感受。

Intimate tips

迷你咖啡店的经营贴心小秘诀

在实际观察中发现，小坪数也能做分区的设计，不论是顺应基地分为里外或左右座位分区，或者架设柜体设置展示区域等，适度的分区让小基地多了层次感，反而让空间产生层次并有放大的视觉效果。

玩味咖啡

Q 如何安排店内的座位与有利的动线？

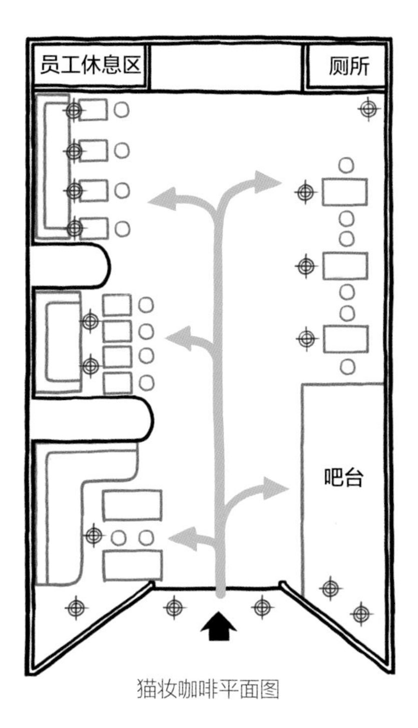

猫妆咖啡平面图

常见一字型动线，其他靠边放

想追求最多座位数时，桌椅大部分都是安置在吧台前与靠墙、靠窗处，以达到小坪数空间的最大使用率。因此，长形基地走动的“动线”几乎为两侧座位间的“一字型动线”；方形基地则依座位安置的不同位置，动线较有分支的情况。整体来说，在一进店面一目了然的情况下，消费者也很容易马上抓到动线规则，例如去洗手间的路线，让人有安全感。

疏密有序的魔力——让座位间的距离够进出即可

在规划时，首先需要拉出主动线：柜台前面主要购买咖啡的独立动线，至少需要 120 厘米。其次是座位区的安排，以 50 平方米以下迷你咖啡店的动线来说，座位与座位间的距离是绝对拉不开的。因此，与其刻意将座与座之间强留行走动线，不如干脆将座位区域集中，让座位间的距离够进出即可，尽量留出独立且便于行走的通道与路线。

相反地，若将座位区拉得很开，刻意规划出一条不算笔直的动线，各桌客人谈话的过程中，反而会一直被附近移动的脚步所干扰。著名的星巴克也是采取独立的购买动线，加上一般人认为宽广而稍显浪费的等待区域，或即使稍显拥挤却完全独立的座位区，或坐或动都不觉得受到限制，反而让整间店感觉分区有致且四平八稳。

无多余空间时，椅子的位置比桌子优先

要不要设置座位首先要看的是，除吧台作业区、走动动线外，有无多余的空间，若是在空间有限的状态下，优先摆放椅子的程度会大于桌子，因为要让想坐下来等咖啡、休息一下的客人有个歇脚的地方。

椅子可选择用长形板凳、高脚椅和单人椅

所谓歇脚的椅子顾名思义就是只让客人坐一下，但又尽量不让客人久坐的椅子，例如长型板凳、高脚椅、单人椅等，这些椅子就是为了让人简单坐一下而设计的，所以每位客人坐着的时间都不会很久。

Wilbeck 咖啡

图片提供：握咖啡

利用有限空间吸引客人

迷你咖啡店的店铺设计重点可以摆在动线流畅度上，以及在如何利用有限空间吸引客人和快速流畅地卖出咖啡上多下功夫。

制作咖啡的设备与吧台是整个咖啡馆的核心，有店家把烘培咖啡豆的机器摆在靠近门口的地方，利用烘培咖啡时产生出来的香味和机器运作时的声音让路人感到新奇，然后转为对咖啡质量的信任，成为吸引新客人的一种方法，也有店家将名贵的机台直接摆在最明显的位置，让识货的人一看就知道这间店的咖啡水平不凡，从而迅速吸引客人目光。

快速卖出咖啡的作业动线

迷你咖啡店应以“拼杯数”为主，又应以外带客人占多数，外带客人最忌讳等待，因此贩售流程顺畅度也是考量的重点之一，例如：

❶ 外带客人排队和堂食客人的动线勿相冲突。

❷ 熟食区和咖啡烘焙区应分开，工作时才不会互相干扰。

❸ 水槽属于常用设备，可以安装一个以上，让洗杯子和常用的主要洗手台分开。

案 例 示 范 CASE

关于迷你咖啡店的桌椅

迷你咖啡店的桌椅配置会有以下特性：

· 全店都采用两人桌配置，人多时采以并桌的弹性方式，有效运用店内每一个座位。

· 沙发占空间，若是为了丰富店内的装潢层次，顶多放一组。

· 椅子要么为追求秩序带来的清爽感全部统一制作或购买，要么风格至上，采用流行的各类型混搭。

· 一般迷你咖啡店中75厘米高的桌子，常用桌面深度的固定尺寸约莫在30-50厘米之间、椅子则至少要有固定深度40-50厘米的放置空间。这些都是目前咖啡店中消费者所习惯的桌椅放置状况。

40-50 cm
30-50 cm
75 cm

Q 小空间需要更多重的灯光安排?

光线对于情绪有着极大的影响力。以目前所流行的 LOFT 工业风格为例，灯光的颜色均为较深沉和昏暗的，不走明亮的路线，刻意营造出慵懒的氛围。

在选择光源时，首先建议：

间接照明+暖黄光源

最好以太阳光或黄光作为迷你咖啡店主要的间照光源，除了增加空间温度，于视觉上，也会让人觉得温暖。黄光大约是指色温约在 3000 开尔文的灯源，照明的对比度小，能缓和人际关系与心理紧张感，适合安定进入陌生地区的消费者心理。

许多咖啡店以为“暗”就是应该营造的主要气氛，所以常常只有桌子上方的小台灯或是桌面上的微弱烛光，以至于进入空间后无法让心情得到舒缓，因为过度昏暗的室内灯光，反而给人造成视觉上的压迫感受。因此，还要加上壁灯、立灯等其他间接照明。

用灯光放大空间的方法

在小空间中，照明如果只靠天花中央的吸顶灯，反而会使四周角落更为阴暗，让人感觉空间更小，有几种可以靠灯光处理的方式放大空间的方法：

①墙壁均亮：四周墙壁可以采用均亮的灯光加上浅色的油漆。

②转角加上壁灯，将角落变亮；或是利用向上照明的立灯。

③吊灯要选择避免客人的目光可以直视到灯泡的造型，例如灯罩角度比较大的，避免光线直射使眼睛不适。

Q 要如何分配内部的需求？

小型咖啡店的工作区与座位区的比例分配

通常规划餐饮空间时，会规划出1/6 － 1/7 的空间留给后场使用，现在更新的餐饮空间规划，后场规划占室内面积的 1/4。因为货料、器具、设备会不断更新，也就是说 50 平方米的空间中，要有 1/4 的设备区位置和 3/4 左右的对外营业区位置。

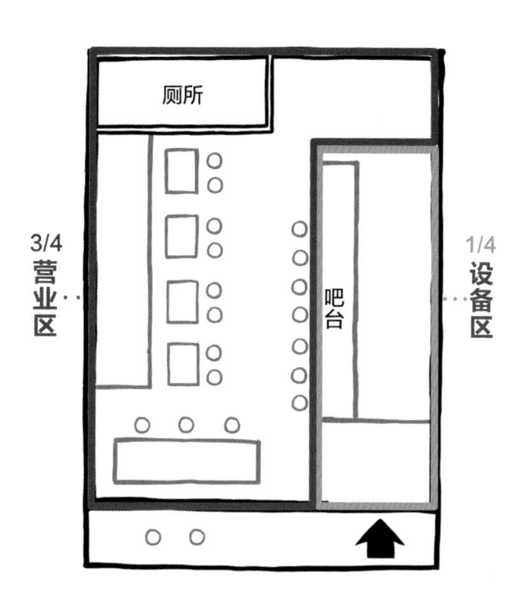

高吧台供短暂等待，低吧台降低压迫感

在设计小咖啡店的吧台高度时，会有两种思考方向：一是通过降低高度在减少小空间的压迫感，另一种则是干脆把高度拉高到110厘米，创造一个可以“站着喝咖啡”的空间。

如果只打算让客人随兴地喝杯咖啡，与人聊个两三句、待个5–10分钟就离开，使用高吧台的设计就完全符合这样的多元化的机动需求，尤其小空间，高吧台只要留桌面宽度30–50厘米及110厘米的高度即可，使得客人不管站立还是倚靠都丝毫不占空间。

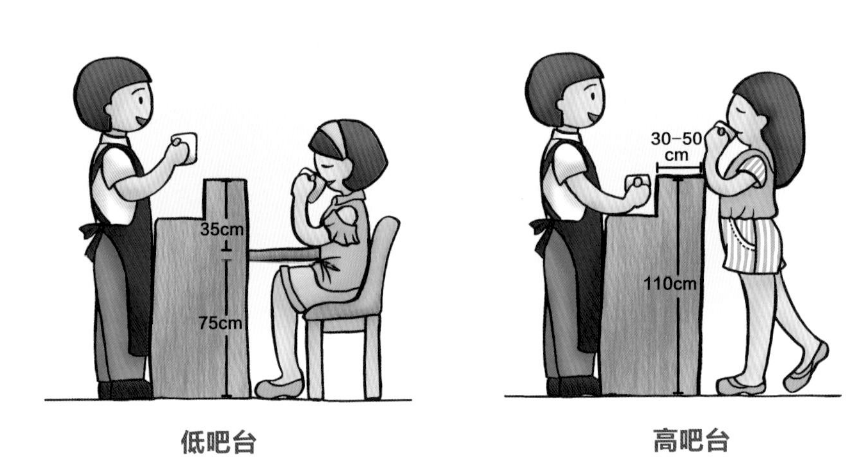

低吧台　　高吧台

店面与大门的规划

门是一个重点，尤其当店面处在人流快速流动的商圈中，人一下就走过去，门再漂亮也不一定有吸引人的能力，小型店面在曝光度方面和商品丰富性方面先天就居于弱势，所以店面与门的规划要足以显眼才容易聚焦。

①如何吸引经过的人走进来？

因为人是互动型的视觉动物，“诱发”是门面设计上相当重要的观念。首先要考虑人来人往的“视角”，就是最吸引外面眼光的角度，然后才考虑吧台位置，也就是将人的活动放在前端，变成最吸引人的位置，诱发“想喝咖啡的冲动”。对咖啡店来说，吧台工作人员的活动，是吸引人进来的重点之一，越靠近门边越好，让路过的人可以看到店内的员工亲手冲制咖啡的模样，增加与当地人文的联系与互动。

越靠近马路的位置放置的物品会第一时间让消费者在走过去时定义“这家店”。所以要找到最容易曝光的角度，放上最有代表性的物品，比如，最显眼的是冰柜，那就会被解读成蛋糕店；最前面放的是咖啡机、烘豆的味道，那就是咖啡店，这就是经过的人潮对该店的定义。

②要全开放还是用大面积清玻璃？

许多小型咖啡店面宽不超过 3 米，为了不让原本就小的店面太具紧迫感，会采用大片的清玻璃，但是玻璃门面又会大面积反光，造成外面的人看不到内部人的活动，这时必须再强化清玻璃上的设计，免得人潮忽略店面所在。

案 例 示 范 CASE

只追熟客的封闭式设计

大部分店面会以显眼、吸引路人为最优先考虑，但是也有为数不少的咖啡店反其道而行，走低调路线，采用包覆性设计，或者无法清楚辨识为咖啡店的招牌或设计等，也算是一种个性的路线，追求的并非曝光强度而是店的整体个性的形象包装或美感，类似这种情形，通常目标消费群体并非过路人而是熟客，或是从别的地方知道这里而特地找来的客人。

Q 如何利用颜色吸引人？

明亮是一个好选择

①放大

以空间视觉放大的面向来看，若赋予其明亮，甚至大胆地运用白色色系与原木色系的搭配，视觉的感受遂在无形中放大、延展开来。

②温馨的

希望有复古、带点乡村风质感的，可选用蓝绿色，营造出温馨、朴实的风雅；还可以选用橙黄、红棕等暖色系，地板顺势搭配一些复古砖。

③时尚风

想要营造出时尚都会的魅力，则可以运用黑、白、灰三色色系，空间的线条与精神顿时会显得锐利、有型。

墙面要注意不要“空空”的

如果没有请设计师来施工的话，就选一个区域当作家来布置展现个人风格，例如沙发旁的小角落使用多肉植物、水管灯、桌面灯等装饰。再来，省预算也不能省在墙面上，色彩、壁饰、彩绘都是可以考虑的方式，如此空间才有完整的“收尾”。

嗜黑咖啡

秘氏珈琲

案 例 示 范 CASE

天花板、地板、墙壁择一设计处理

“天”

花疫室咖啡

Kuantum 咖啡

“地”

公鸡咖啡

Kuantum 咖啡

Kuantum 咖啡

“壁”

Kuantum 咖啡

闻山咖啡

Kuantum 咖啡

Q 咖啡店需要注意温度和声响吗?

空气的质量对咖啡店来说是重要的，空调不是只单纯用来吹冷气而已，更重要的是有效地调节空气，让顾客感觉舒适。目前有些小型咖啡店，店内不太开空调，但是为保持舒适的室内温度着想，建议这方面的预算不能省。

小型咖啡店空调的匹数与形式

小型咖啡店的空调匹数，可以按约每 13 平方米 / 匹来估算，到冬天也需要考虑暖风的使用。若有西晒问题建议先做内、外遮阳设计，再考虑增加室内空调的匹数。小型咖啡店空调安装建议采用壁挂分离式或吸顶分离式二种形式，原则上出风口避免直吹顾客坐下后头顶区块，减少风带给顾客的不舒适感，以小咖啡厅的空间规模来看，没有绝对的空调安装位置的限制。

温度与空气质量

店内的温度设定和一般住家的舒适范围差不多，只是咖啡店又多了机器运行时产生的热能，还有多人聚集时拉升的气温等复杂因素，所以通常在空调温度设定上会需要降低一些。另外，从空气质量角度来说，并不是开了空调空气就会好，重点是空气要流动。关于店内的供气与排气的理想配置，最好是请专业的人依店内情况来提出建议。

ichijiku café & living

咖啡店的气味久了就不美好了

气味方面，传统上我们都希望当踏进咖啡店时，可以闻见咖啡豆的香味；但是，如果咖啡豆的等级不够高，久了之后，就会形成一种让人难以忍受的呛人酸味。餐点可以再多点面包味、奶酪味，或是有些巧克力粉的略带苦涩的味道，再来就是空间装修后余有的真正的实木（香杉、桧木、樟木、榉木）味道，或是经过烟熏后的旧桧木，或是纯正的木油，或是天然的精油。让空间里多些自然的气味，是在小面积里让人心情舒适的好方法。

下图为空气进入与排放的示意图，但是目前许多商业空间会因为开启空调，而选择全密闭式的空间。

玩味咖啡

O'TIME

容易让人忽略的“声音”质量

小空间咖啡店的“声音”，应该是可以听到同桌彼此对话，却不显嘈杂。

很多人在规划商业空间时，常常忽略掉对“声音”的处理，身处一个漂亮舒适的空间，但是店内声音却嘈杂难耐，其实是会让人不太舒服的。

吸音、隔音材质

市场上多数的工业风格设计的小型咖啡店，吸音率都是不够高的，所以容易形成噪音，一定要考虑在天花板及立面的造型上运用具有吸音、隔音功能的材质，例如，玻璃棉、岩棉、泡棉、矿棉麻织与棉纤维等，或是在空间上形成凹凸的立体层次，千望不要为了省钱，就忽略天花板、地面和墙壁的声音撞击。

POINT 5 即将营运（Ⅰ）该准备的“商品”

Q 我到底需要规划多少种销售商品？

以最拿手的品种为主的80:20法则

咖啡店销售的商品当然是以店家最拿手的咖啡为主，为了满足不喝咖啡的客人，可以在菜单上增加一些茶点或饮料，但不要远离咖啡店的主轴，从而模糊了品牌特色，建议最基本的配比是：提供80%的咖啡与20%其他饮料和茶点。

不摆放过多的器材设备，利用最少空间做出最大经济效益

迷你咖啡店面积小，不适合摆放过多的器材设备，因此在设计其他提升附加价值的商品时，必须考虑那些商品是否必须需要有额外器材才能投入使用，以此来判断它们存在的必要性。以最少的设备和所需空间获得最大经济效益，才是正确的选择。

贩售商品种类不在多，而在精，只提供自己有把握的品种，依着自己的能力做专就够了，例如只专注最好的咖啡、最好的甜品等其中之一，就会越做越专精。

案例示范 CASE

煮咖啡的机器必须摆在门口最近处

仅与饮品和咖啡相关的设备就能差不多将空间占满，因此应将最有价值的高级咖啡机放在最显眼的位置，咖啡磨豆机摆在第二显眼的地方，其他零星的东西往里放。

从客人的需求中开发附加商品

开发附加商品的目的最主要是为了让客人增加记忆点，利用新商品带给人的新奇感，使客人增加对咖啡店的印象，与其说是一种多元的收入，还不如说是一种营销的策略手法。

开发商品的方式有三种：

①基础型：将咖啡豆的销售额转为咖啡店重要的收入来源。若要创造咖啡店多元收入，还可以从周边商品着手，例如喝咖啡时想配的小点心、咖啡店自烘的咖啡豆、滤挂式咖啡、咖啡礼盒组等，有许多迷你咖啡店因咖啡质量深受客人喜爱，贩售咖啡豆的销售额反而成为咖啡店重要的收入

②需求型：在每次接触客人时收集第一线讯息，找出重叠或类似的需求。

③引导型：另一种是创造客人需求，当你足够了解自己的消费阶层后，要开始深入挖掘阶层本身不自知的部分，创造商品、领导消费。

案例示范 CASE

开发附加商品

①基础型：开发出属于自己品牌的商品

例如咖啡豆、玻璃杯，以及其他和咖啡相关的用品等，可以统一集中放置，供客人挑选。

握咖啡

ARA Coffee Co.

握咖啡

②需求型：从食品安全风暴衍生的安全容器

握咖啡从接触消费者的最前线就开始重视饮食安全，因此当客人询问有没有外带，却又担心塑胶或纸杯中的化学溶剂溶到液体中之后，就与厂商研发了德国蔡司瓶。这种瓶子瓶身玻璃特别厚，是不用担心有安全隐患的化学物质溶进液体中的安全玻璃瓶。

Wilbeck咖啡

闻山咖啡

决定商品的价格

“一分钱一分货”。

定价有许多特殊因素，有的店家纯粹想将自己的店设定为较高价位路线，或是以低价为诉求走薄利多销路线，具体做法还是需要评估客观的条件，比如一间环境不好、咖啡又不好喝的店，高单价的策略可能会招致反效果。

①商圈能接受的消费高低。

所在商圈的客人消费习惯和物价也是一个对于决定商品价格来说很好的参考，可以透过观察发现客人大致愿意掏出多少钱来买咖啡。普遍来说，大家对信义区咖啡店的商品单价容忍度，就会明显比板桥的咖啡店高一些。

②大众对可接受的咖啡水平大约在人民币 30 元左右。

迷你咖啡店做的是大众的生意，要将价格调整到消费区域能接受的范围，目前市场容忍水平，大约在人民币 22 元以下（因为价格高的咖啡必须有“氛围好、面积大、座位多”的等外在环境条件的支持），但对至少有 1/2 业绩要靠外带咖啡的迷你咖啡店来说，人民币 22 元以上就会有点曲高和寡了，除非定位是要卖给“咖啡精”人士或是追求品牌的人士，才有机会销售一杯偏中高价位的咖啡。

以上述市场相关的外在因素，加上以付出成本及预估能够卖出的数量等，来回推每杯咖啡的定价会是最稳扎稳打的做法。

POINT 6 即将营运（Ⅱ）营销活动加强品牌价值

Q 只需要开业期准备营销活动就可以了吗？

客户买不买单，有没有长久存在的价值，是咖啡店的存活关键。

想让咖啡店产生“金钱堆积、价格战”之外的特点，老板要有心理准备，在规划的时候，咖啡店不能只贩卖咖啡，也不再是单纯喝咖啡的地方，还要做到能传递新讯息与交流各种相关信息，最后就是要明白客户来到这里产生的行为模式造就了你的价值产生。

经营者要负责“推动”

例如想做共享空间，不应该只有一张大桌子或包月咖啡这么浅的思考。要考虑如何让进来的人产生更多交流、得到更多讯息，老板必须提供各种想法，让他们乐于做思想交流。

或是做些文化交流的创意，想办法让各种文化单位看见，例如有个留言板，连结到出版社，出版社可以从中发现可能的作者或合作对象，从而使店主的角色变成媒介的一环。

交流前，要降低戒心

第一是善用网络与 APP。请美食博主来发表宣传文字已经不能当作品牌活动， 只能算是初期的开业宣传，但老板们可以从 APP 开始进行“媒介”的工作，不用和人面对面，也能形成有效的交流。

第二，如何产生谈话交流的空间。标准座位其实容易让人感觉紧张，分享空间就得提供一个更舒适、更开放的氛围，例如让消费群体能在其中坐、卧，从而进一步降低人的心理戒备。

品牌视觉系统简单大方

开始进行设计前，最好就先确定好品牌视觉系统的风格，有了可依循的视觉设计标准才会有完整一致的品牌统整性。

品牌视觉系统包含品牌颜色的使用、辅助色系定义和标志呈现的相关使用规定（大小、底色、留白需多少、不可翻转变形等规范），可帮助品牌呈现统一视觉感，加强消费者对品牌的辨别，例如星巴克的绿色标志，麦当劳的黄色标志。因为消费者对品牌颜色的印象已经有了，所以若这些标志用别的颜色呈现反而会让消费者觉得怪异，这就是消费者对品牌视觉产生的印象之一。

案例示范 CASE

简单清晰的视觉感受

可以明显看出此店品牌主色系是红色，但会用黑白两色加以辅助，此品牌所开的店面也都是以木头色系装修为基准，因此会有统一的品牌视觉和品牌一致性。

Q 还有其他在经营方面要注意的事情吗？

在咖啡店刚开始营业时，不一定要请员工，自己站在第一线最好，一方面能省成本，一方面能熟悉经营运作和市场需求，等到需要人手后再聘请员工，但要让员工从入门到熟练，需要至少 3 个月的教育训练时间，这意味着你在员工身上投下的成本不小，因此聘请员工前要清楚请人是出于什么目的。

例如，是因为人流太多人手不够？还是准备扩展二店？如果是扩店，请的人必须比目标数多一些，以便储备人才；即使准备扩店，自己还是要监控产品质量，可不是请人之后就当个收钱的老板就好。

迷你咖啡店的人事成本占几成才算合理？

与一般咖啡饮料店差不多，人事成本大约可控制在 25%-30%，当然是越低越好，也要结合自己的赢利预期来决定。

替班饮料店成本配比大致参考：
（每间店依需求做出不同比例的调整）

项目	比例
成本（食材+包材）	35%
人事	30%
店租	15%
水电杂支	5%
净利	15%

Wilbeck 咖啡

嗜黑咖啡

鸣谢

（依笔划少到多排列）

咖啡店

ARA Coffee Co.	06-298-6387
Digout	02-2703-5775
ichijiku café & living	ichijiku.cafe.living@gmail.com
Kuantum Kafe	已停业
L'esprit café 初衷咖啡	06-221-8822
O'TIME	02-2562-0118
ODD	已停业
Wilbeck(开封店)	02-2331-7706
公鸡	0982-081-464
虎记商行	02-3343-3508
花疫室	02-2703-6393(原址已搬至二店)
玩味	02-2736-1000
法尔木	02-2368-1106
秘氏珈琲	02-8369-1012
夸张古懂	0983-425-003
嗜黑	02-8771-9990
闻山(文山景美店)	02-2933-4567
猫妆	02-2550-0561

设计公司与厂商

光晨设计	0939-021-612
亚昀设计	0921-127-501
莫克空间	02-2378-0976
黄秀玲	0916-820-886
握咖啡	07-533-7377
墨荟设计	0910-090-316
闻山(永春有猫店)	02-8789-6797
赖志琪设计师	0988-052-200

NOTE

图书在版编目（CIP）数据

创意咖啡馆设计与经营 / 凌速文化 编．-- 天津：
天津人民出版社，2019.9
ISBN 978-7-201-15131-1

Ⅰ．①创… Ⅱ．①凌… Ⅲ．①咖啡馆－室内装饰设计
②咖啡馆－商业经营 Ⅳ．①TU247.3 ②F719.3

中国版本图书馆 CIP 数据核字（2019）第 185988 号

创意咖啡馆设计与经营

凌速文化 编

CHUANGYI KAFEIGUAN SHEJI YU JINGYING

出　　版	天津人民出版社
出 版 人	刘庆
地　　址	天津市和平区西康路 35 号康岳大厦
邮政编码	300051
邮购电话	（022）23332469
网　　址	http://www.tjrmcbs.com
电子邮箱	reader@tjrmcbs.com

责任编辑	赵子源
特约编辑	韩贵骐　单爽　陈可
设计制作	陈艳晖
策划统筹	广州凌速文化发展有限公司 地址 / 广州市海珠区建基路 85、87 号省图书批发市场三楼 303 室 电子邮箱 / iec2013@163.com

制版印刷	佛山市华禹彩印有限公司
经　　销	新华书店
开　　本	787 × 1092 毫米　1/16
印　　张	21
字　　数	400 千字
版　　次	2019 年 9 月第 1 版　2019 年 9 月第 1 次印刷
书　　号	ISBN 978-7-201-15131-1
定　　价	98.80 元